目次

第3章　ヨーロッパの豚肉　35

第4章　新大陸の豚肉　99

［……］は翻訳者による注記である。

第1章◉理想の肉

◉「言うにいわれぬうまさ」

およそ7000年前、近東そしておそらく中国の人々がユーラシアイノシシ（学名*Sus scrofa*）を家畜化した。それ以来、豚は世界でもっとも広く食される食肉を提供してきた。豚肉はもっとも応用のきく食肉で、こってりした肉汁たっぷりのロース肉のローストから、水気が少なく塩のきいたハムやベーコンまで幅広く使用される。

イギリスの国民作家、チャールズ・ラムは『焼豚談義』［『エリア随筆抄』（山内義雄訳、角川書店）に収録］（1823年）の中で、乳飲み子豚のローストのすばらしさ、とりわけそのパリパリに焼いた皮をこう賞賛している。「歯ぎれのよい、狐色の、よく注意して、ほどよく焼けた……豚の焦げ皮《クラックリング》」は、その下のとろけるようにやわらかな脂肪層の「言うにいわれぬうまさ」とともに、こんがり焼けた皮への「かすかな脆い抵抗と戦う」喜びを与え、「子豚のまだ清らかな食物の精髄……脂身と赤身……が、たがいに融けあいからみあって、二つで一つの美肉というか、共通の物質をつくりあげているのである」

フードライターのジェーン＆マイケル・スターンは、アメリカの輝かしい養豚の中心地アイオワ州のステートフェアのポークテントで売られていた、４５０グラムもある巨大なアイオワ豚のポークチョップ［骨つき豚肉］のグリル［網焼き］について書いている。このポークチョップは厚さが２・５センチ以上あるが、とてもやわらかくペラペラのプラスティックナイフでも切ることができる。「これほどジューシーな肉は、白身肉であれ赤身肉であれ、ほかに知らない」[1]。料理研究家のサラ・ペリーもほぼ同感だったから、自身の料理書に『ベーコンでなんでもおいしくなる *Everything Tastes Better with Bacon*』というタイトルをつけたのだろう。

乳飲み子豚のローストはもっとも贅沢《ぜいたく》な豚肉料理だが、豚は血液（ブラックプディング）や尾（スープや煮込みの風味づけ）をはじめ、ほぼすべての部位が食べられる。フードライターのジェイン・グリグソンは１９６７年、イギリス人が豚の一見食べられそうにない部

ジョン・フレデリック・ヘリング・シニア（1795-1865）「豚の家族」。油彩、カンヴァス。

位を敬遠することを嘆き、調理法をくわしく説明している。

熟練したやりくり上手な主婦は豚の頭を3〜4シリングで買い、次のようなものをつくる。豚の耳のピカントソース［ワイン、酢、香辛料などでつくるピリッとしたソース］添え……脳みそ入りパフペストリー［パイ料理］……バスチャップ（ほお肉を塩漬け燻煙し煮こんだ、小さなハムのようなもの）……1・5ポンド［約675グラム］の味つけひき肉でパテ［肉や野菜などをすりつぶし調味した料理］（もしくはソーセージ）……豚の頭には平均4・5ポンド［約2キロ］の肉がある。また骨からは、澄んだすばらしいスープ……やアスピック［ゼリー寄せ］……がつくれる。(2)

豚の膀胱《ぼうこう》さえ大いに魅力的になりうる。ホロホロ鳥の豚の膀胱詰めはラスヴェガスのミシュランふたつ星レストランの人気料理だったが、非認可の豚から膀胱をとっていたことから当局によって禁止された。アメリカの食肉加工業者は膀胱をひき砕いてドッグフードにするため、これまでのところ認可されたものを見つけるのは不可能になっている。

ドイツのシュマルツ（ラード）

●ラード

　豚の脂肪――ラード――は何世紀にもわたり、北ヨーロッパとアメリカで揚げ物用やケーキ、ペストリー（焼き菓子）のショートニング［食用油脂］としてもっともよく用いられていた。ラードは家庭で溶かして精製し、涼しい食料貯蔵庫［ラーダー。ラードに由来］で何か月も保存することができた。現在あまり使われていないのは、バターや油が簡単に手に入るようになったことにくわえ、ラードにとりわけ多くふくまれる飽和脂肪酸の危険性が認識されるようになったからだ。

　ラードはまた防腐剤としても利用され、肉を脂肪で薄くおおうと、空気に触れるのを避けることができた。肉が必要なときには、脂肪を溶かして必要な肉をとりだし、残りを涼しい食料貯蔵庫に

ジェームズ・クラークによる「囲いの中の3匹の入賞した豚」。1865年頃。油彩、カンヴァス。ここに描かれた19世紀の動物は、豚の理想的な成長を示している。

もどして再び固めた。

豚肉は灰色がかったピンク色をしていて、しっかりした白い脂肪で薄くおおわれていなければならない。この脂肪こそが、豚肉をとてもおいしくジューシーにしているのだ。しかし最近の健康志向を意識して、アメリカとヨーロッパの養豚業者は現在、より脂肪分の少ない豚を生産している。いまや19年前にくらべ平均16パーセント赤身が多く、飽和脂肪酸は27パーセント少ない。

全米豚肉委員会は豚肉を「もうひとつの白身肉」と呼び、消費者が豚肉を七面鳥（ターキー）や鶏肉に代わる低脂肪低コレステロールの食肉とみなしてくれることを期待している。同委員会は、豚肉がミネラルやビタミンを豊富にふくむだけでなく、「ダイエットの頼もしい味方」であることを示す研究もはじめている。そのいっぽうで中国人などの料理人の多くは、健康によい食事のために豚肉の風味が犠牲になっていることを嘆いている。

◉塩漬け、乾燥、燻煙

塩漬け、乾燥、燻煙《くんえん》（スモーク）は、冷蔵技術がない時代に食肉を保存するために考案された。当時は、動物を解体したあとも、長期にわたりすべての肉を利用する方法を見つける

豚の解体肉を検査する地方自治体の検査官。1954年。

ポール・ゴーギャン「ハムのある静物」。1889年。油彩、カンヴァス。伝統的な製法でつくられたハム。

ことがきわめて重要だった。塩は肉の細胞から水分を引きだして乾燥させ、乾燥は細菌を殺したり増殖するのを抑えたりする。燻煙はゆっくりと乾燥させるのに役立ち、さらに風味を加える。

豚肉の場合、ほかの食肉以上に、こうした工程によりそれ自体で美味な製品ができあがる。豚肉にふくまれる高い脂肪分のおかげで燻煙後もジューシーさをある程度保つだけでなく、乾燥と燻煙が肉をしまらせ、風味を高めて豚肉をよりおいしくするといわれている。コーンビーフや干し牛肉（ビーフジャーキー）はベーコンやハム、ドライ（乾燥）ソーセージにくらべれば、風味の豊かさでは遠くおよばない。

今日、豚肉の約30パーセントがロースやチョップとして生で調理され、残りはベーコンやハム用に塩漬けされるか、ソーセージ用にひき砕かれるか、ラードに精製される。ハムにするもも肉と肩肉はまず、少量の硝石（硝酸塩）を加えた乾いた塩か塩水で塩漬けにする。数日から数週間漬けたあと、肉を塩抜きし乾燥させるが、涼しい風があたる場所に吊るしておくだけということもある。通常は、カシ、ヒッコリー、松といった特定の木材を燃やし、その火であぶって燻煙する。

◉ハム

最近では、ハムはふつう塩水、ほかのナトリウム化合物、砂糖を注入してあっという間に塩漬けにされ、室温で1週間熟成させたのち、6〜48時間かけて燻製にする。こうしてできたハムは比較的やわらかく、風味がまろやかだが、日持ちはしない。さらに内部温度を68℃にまで加熱し、すでに調理済みのものも多くある。このような「クックド（完全調理された）」ハムは、そのまま食べることができる。

高級ハムはいまなお伝統的な製法でつくられ、全体に塩を直接すりこみ、そのあと涼しい場所で数か月間熟成させる。バイヨンヌとパルマのハムは、豚のもも肉を数週間塩漬けしたあと、涼しく湿度の高い貯蔵室に数か月間吊るして乾燥させる。パルマハムは、穀物と乳清《ホエー》（地元のパルメザンチーズの製造過程でできる副産物）で育ったランドレース種またはデュロック種を原料豚とし、これらの豚は少なくとも生後9か月で屠畜される。ハムは12か月間かけてゆっくりと自然乾燥で熟成させ、そのあいだ切り口にはたえず調味したラードを塗りこむ。

世界最高のハムは、スペイン南西部のイベリコ豚を原料としたものだといわれている。イベリコ豚は森の中を自由に歩きまわって、もっぱら特定の種類の常緑カシのドングリだけを

モリスのベークドハムのポスター。1919年。今日スーパーで売っているタイプのハム。

世界最高級のハムのひとつ、バイヨンヌハムは数か月かけて丹念に塩漬けし熟成される。

食べて育つ。イベリコ豚のハムは熟成に3年かけなければならない。肉は香りが強く霜降り［脂肪が筋肉のあいだに網の目のように入りこんだ肉］で、非常に高価なため、アメリカでは1ポンド［約450グラム］あたり130ドルもする。

これらのハムはどれも、たいてい前菜として生で食べられる。ヴァージニア、テネシー、ケンタッキー、ノースカロライナ、サウスカロライナ各州のカントリーハムは、塩漬けしてから、ブナやヒッコリーを弱火で燃やして出た香りのよい煙で燻煙し、その後吊るして1年かけて熟成させる。カントリーハムは、中国の最高級ハム、雲南火腿《ユンナンフオトイ》（雲南ハム）のように、食べる前に塩抜きし、火を通す。

ベーコンは、豚の脇腹肉や（とくにアメリカでは）ばら肉などの脂肪の多い肉を同じように加工処理したものだ。適切に加工すれば、ハムとベーコンは優に1年は保存できる。そのまま肉として味わうのにくわえ、ハムとベーコンは貧乏人の豆料理から食通のコッコーヴァン［鶏の赤ワイン煮］まで、ほかの料理の味つけに欠かせない。

●ソーセージ

ソーセージは、豚の上肉の切り落としや内臓、脂肪、血液といったはんぱな残りものを利

「ソーセージ売り」。パリの通りで商品を売るソーセージ売り。1790年頃。

用するために考案された。ソーセージもやはり乾燥させたり燻製にしたりすれば、何か月ももつ。どんな種類の肉でもソーセージにできるが、豚肉はその肉と脂肪の質から古くから好まれ、もっとも一般的なソーセージとなっている。脂肪が重要なのは、それがソーセージをしっとりとおいしくするからで、ほとんどが20～30パーセント、場合によっては50パーセントもの脂肪をふくむ。ソーセージは塩やコショウ、さまざまなハーブや香辛料で濃く味つけされる。

きれいに洗った腸（必要な大きさによって、豚やほかの動物のものを使い分ける）が、ソーセージにぴったりの料理用容器［ケーシング］になる。腸は食べることができ、軽く、丈夫で、フレッシュ（生）ソーセージを焼くときに肉と肉汁をしっかり閉じこめる半面、長期保存用に乾燥させる場合には水分を外に逃がす。ソーセージは材料が安価なため、とても経済的だ。しかも味が濃厚で、脂肪が多くしっとりしていて、燻煙したり乾燥させたりすれば風味が増していっそうおいしくなる。そのため、貧富を問わず好まれる。

イタリアのサラミからドイツのレバーヴルスト、中国の腊腸《ラップチョン》、メキシコのチョリソー、アメリカのブレックファストソーセージまで、どの国にも独特のソーセージがある。フレッシュソーセージは豚の肉と脂肪をミンチにし、調味料を加え、ケーシングに詰めただけのものので、日持ちしないため早めに加熱して食べる。

アンリ・ルモニエ「リヨン風ソーセージ」。ポスター。1930年。

インド、ラージャスターン州でえさをあさる豚。19世紀までは、豚はヨーロッパやアメリカで自由に歩きまわっていた。

サラミのように長期保存できるソーセージの場合は、生肉に塩、硝石、調味料を混ぜ、ケーシングに詰めたあと、ふつうは低温の風通しのよいところで乾燥させるが、熱して乾燥させることもある。数週間乾燥させると、肉は乳酸を生成する細菌によって醗酵が進み、保存性が高まるとともにピリッとした強い風味が加わる。仕上げに燻煙することもある。

こうしたソーセージは加熱しなくても安全に食べられる。ソーセージの熟成には乾燥した風が確実に吹くことが重要で、その意味ではイギリスのように湿度の高い国は向かないため、ドライソーセージが発達しなかった。

豚は雑食性なので飼育がしやすい。牛や羊のように放牧のための広大な土地を必要とせず、森やさらには街中で勝手にえさを探しまわることもできれば、小さな囲いの中に入れて人間の食べ残しで育てることもできる。安価なものはなんでもえさにでき、ニューギニアではサツマイモ、アメリカ中西部ではトウモロコシ（学名 *Zea mays*）、ポリネシアではココナツが与えられている。おまけに豚は、牛や羊よりも繁殖・成長が早い。牛が9か月で1頭の子牛を産むのに対し、豚は4か月で10匹の子豚を産む。

第2章◉豚への偏見

◉不浄な動物

その利用価値の高さにもかかわらず、豚は食物禁忌（フードタブー）の対象としてもっともよく知られ、一般に食べられている動物の中で唯一、不浄なものと広くみなされている。ユダヤ人とイスラム教徒は、おそらく豚が腐肉食《ふにくしょく》動物［動物の死体を主たる食物とする動物］だという理由から食べることを禁じているのだろう。

旧約聖書（レビ記第11章7節、申命記第14章8節）には、イノシシはひづめが割れているが、牛や羊、ヤギのように反芻《はんすう》しないので、ユダヤ人にとって汚れたものであると書かれている。反芻、すなわち植物から栄養を最大限に引きだすように適応しているということは、もっぱら草食であることを意味している。それに対し豚は、ありつければほぼどんなものからでも、肉であれ、塊茎《かいけい》［地下茎が肥大化したもの。ジャガイモなど］であれ、生ごみであれ、さらには排泄物であれ、栄養源にする。昔は豚が村や町を自由にうろつき、人々は胸が悪くなるようなものを食べる豚の性癖をたえず思い知らされた。

こうした不潔な習性が、豚を食べることを嫌うわかりやすい理由だと思われるが、ほかにも原因がいくつかある。イギリスの文化人類学者メアリー・ダグラスは、古代ヘブライ人が豚を拒絶した原因は、豚が彼らの理解する動物分類において明確に定義された種類に当てはまらないせいだとしている。牛やヤギ、羊のような割れたひづめ（偶蹄《ぐうてい》）をもつ動物はふつう、反芻する草食動物である。

さらに初期のヘブライ人（とアラブ人）のような遊牧民は、住みかの周辺を勝手にうろつくのを好む豚よりも、むしろ群れで移動できる動物――牛や羊、ヤギ――を飼育するのに慣れていた。遊牧民は豚を飼うことを、みずから拒絶した相容れない定住生活に結びつけ、宗教的タブーもあいまって豚への嫌悪を強めた。これは、彼らが定住するようになったあとも根強く残った。

アンティオコス王の豚肉を食べろという命令に、公然と反抗する老律法学者エレアザル。王はエレアザルを捕らえ、拷問し、処刑した。

◉ユダヤ人のアイデンティティ

こうした食品規定が確立されると、これは、周囲の非ユダヤ人とは明確に区別される別個の民族であるという、ユダヤ人独自のアイデンティティの形成をうながした。紀元前2世紀、セレウコス朝シリアのアンティオコス4世エピファネスはユダヤを支配下におさめると、ユダヤ人に豚の食の禁忌をはじめとする聖なる戒律を力ずくで破らせ、ユダヤ文化をヘレニズム化（ギリシア化）しようとした。豚をいけにえに捧げたり食べたりすることを拒んだ者は処刑された。ディアスポラ［バ

現代の先進国の消費者は、政府によって検査が行なわれているので、安心して豚肉を食べることができる。この20世紀初頭の写真では、アメリカ農務省の職員が豚肉の中に旋毛虫がいるかを検査している。

ビロン捕囚後、ユダヤ人がパレスチナの地から離散したこと」ののち、ユダヤ人にとってみずからの特別なアイデンティティを維持することはいっそう切実となり、いっぽう豚肉やベーコンはヨーロッパ全土で食べられていたため、ユダヤ人は豚を貝などほかの不浄な動物よりもことさらに忌み嫌った。ユダヤ人の不浄な豚に対する嫌悪感は、豚肉を好む多数派の非ユダヤ人に迫害されたことで、いっそう激しくなったにちがいない。

ユダヤ人哲学者マイモニデス（１１３５〜１２０４）は豚のタブーを、豚肉は消化しにくいとして健康上の理由からも正当化しているが、それ以上に豚の「習性と食べるものは非常に不潔で忌まわしい」と衛生上の理由を強調している。ユダヤ人が豚肉を食べることを許されたなら、その「通りと家は、現在西欧人の国で見られるように、どの汚水だめよりも不潔になるだろう」といっている(1)。豚は旋毛虫《せんもうちゅう》病を媒介するので、たしかに豚肉を食べれば健康に悪影響をおよぼすこともあるが、聖書の作家やマイモニデスがこのことを結びつけて考えたはずはない。この病気とその原因となる寄生虫は、19世紀になってはじめて確認されたからだ。

◉イスラム教

最初にイスラム教を説いたムハンマドもまた、手近な聖書の中に見つけた食物禁忌でイスラム教徒のアイデンティティを強め、信徒をひとつにまとめようと考えたのだろう。しかしムハンマドの禁止事項はもっと限定的で、食肉目的で屠畜されなかった動物や異教徒のいけにえのために屠畜された動物のほか、豚の肉と血液だけを禁止している。

豚肉を不浄と不健康に結びつけることは今日にいたるまで続いている。イスラム教徒が大部分を占める中国のウイグル族は、中国人が「どんなものでも」進んで食べることに嫌悪を抱いており、中国人の料理人が食べ物を豚肉で汚しはしないかとたえず心配している。フー

アート・ヤング「屠畜のとき」。1912年10月26日発行のカミング・ネーション誌の表紙を飾った政治漫画。非ユダヤ人もやはり、豚に否定的な固定観念をもっている。

ドライターのフューシャ・ダンロップによると、ウイグル族のタクシードライバーはこう請けあったそうだ。「真のイスラム教徒が豚肉を食べれば、皮膚に突然はれものができて血が噴きだし、死ぬこともある(2)」

聖書とコーランの禁止事項はまた、中東の部族のあいだに有史以前にあった豚に対するタブーを正当化したものかもしれない。同様のタブーがおそらく18世紀にスコットランドの一部で広まっていた豚肉への嫌悪感の根底にあったと思われ、それについてはイギリスの辞書編集者サミュエル・ジョンソンやスコットランドの詩人ウォルター・スコットが指摘している。ブラッドプディングは一般に豚の血液でつくるが、そのスコットランド版のハギスは羊の血液を羊の胃袋に詰めてつくる。

結局のところ豚の飼育は、乾燥した中東ではヨーロッパの森林地帯ほどたやすいものではなかっただろう。じめじめした雑木林には、日焼けしやすく汗腺の少ない豚に欠かせない木陰と、泥浴びできるぬかるみがあり、森には木の実が豊富にあって自分でえさを食べることができた。

第3章◉ヨーロッパの豚肉

ホメロスの『イリアス』〔松平千秋訳、岩波書店〕の中で、英雄アキレウスは「肥えて脂のよくのった豚の腰肉（ロース）」（と羊とヤギの背肉）で客をもてなす。アキレウスと親友のパトロクロスが肉を切り、串に刺して塩をふりかけ、熾火《おきび》で焼く。焼きあがると、肉はパン、ワインとともに供される（第9歌）。調理法はしだいに洗練されていったが、詳細なレシピはローマ時代になってはじめて登場する。しかし一般のギリシア人が極上のロースト用の肉を食べられることはほとんどなく、ブラックプディングや甘みをつけたソーセージなど、ソーセージに比較的慣れ親しんでいた。アリストファネス（紀元前446頃〜紀元前386頃）はその風刺作品『騎士』の中で、ソーセージ屋を政治家になぞらえている。というのは、ど

アンヌ・ヴァライエ＝コステル「ハムと瓶とハツカダイコンのある静物」。1767年。油彩、カンヴァス。

ちらの商売もなんでもかんでもごちゃまぜに切りきざみ、それに味つけして体裁よく仕上げる点では同じだかららしい。

ブラックプディングは一般に豚の血液でつくるが、アッシリア人もつくっており、さまざまなバージョンがヨーロッパの多くの国々で見られる。フランス版ブラックプディングのブーダンノワールには、豚の背脂、タマネギ、香辛料、クリームなどが入っており、クリスマスイブの真夜中に行なわれるミサのあとによく出される。まずいことで有名なスパルタのブラックスープは、豚肉、大麦、塩、酢を煮こんだシチューだった。

●豚肉を愛したローマ人

豚肉はローマ人のお気に入りの肉だったようだ。豚肉は農民の質素な食事にちょっとした風味を添えたり、豪華な饗宴のメイン料理になったりした。ローマ人は（中国人と同様に）、豚肉は食肉の中でもっとも健康によく、消化しやすい肉だと考えていた。

ローマで開業していたギリシアの医学者で哲学者のガレノス（西暦129〜199）は、豚肉は「あらゆる食品の中でもっとも栄養価が高い」と断言している。運動選手から溝掘り人まで、きつい肉体労働をする人々がほかの食べ物で代用すると目に見えて弱っていったという。さらにガレノスは、豚と人間の肉は味と匂いがとても似ているので、豚肉だと思いこんで疑いもせずに人肉を食べた人もいたとつけ加えている。(1)

大プリニウス（西暦29～79）は、豚肉が生みだす多彩なおいしさをたたえた最初の人物かもしれない。豚肉は「ほかのすべての食肉がそれぞれひとつの風味しかもたないのに対し、50近くの風味をもっている」と記している。(2)バラエティー豊富な豚肉加工品にくわえ、生の豚肉はさまざまな香辛料や調味料とじつによく合う。

ローマ軍の兵士は行軍中、糧食としてドライソーセージを携行した。ウァロの『農業論』（紀元前1世紀）では、ある話し手が「農場をもっているローマ人はみな豚を飼っていた」といっている。ローマの詩人ホラティウスの隣人であるたくましい小作人オフェルスは、ふだんの日は野菜と燻製したもも肉のハムを食べていたが、来客には若鶏や子ヤギの肉をふるまった（『風刺詩』第2巻・2）。また極貧の百姓夫婦バキウスとピレモンは、変装した神のゼウスとヘルメスを、豚の薄切り肉1枚で味つけしたキャベツ料理で手厚くもてなしたという。

そのいっぽうで、あらゆるローマの饗宴でふるまわれる数々の料理には、きまって手のこんだ豚肉料理がふくまれた。めずらしい材料を詰めた豚の丸焼きが出されることもよくあった。

トリマルキオンの饗宴。フェデリコ・フェリーニ監督『サテリコン』（1970年）の一場面。

ローマの風刺作家ペトロニウスの『サテュリコン』に出てくる、低俗な奴隷あがりのトリマルキオンが催す饗宴は、虚飾に満ちた典型的なローマの宴会をやや誇張はしているが、ほぼ事実と思われる。最大の見ものは解放奴隷の帽子をかぶった特大の雌豚で、まわりには子豚の焼き菓子が乳首に吸いついているかのようにおかれ、腹の中には生きたツグミが詰められている。豚は宴会を通して料理の主役でありつづけるが、さらにとてつもなく大きな豚の丸焼きが登場したところで、料理人が「はらわたを抜くのを忘れていました」といって主人に許しを乞う。だがこれは事前に仕組まれたふざけた余興で、その場で料理人が豚のはらわたを抜くため腹を切り開くと、ブラックプディングやソーセージがどっとあふれでる。

ローマに住むエジプト生まれのギリシア人アテナイオスは、著書『食卓の賢人たち』（西暦2世紀）の中で古代末期のギリシア・ローマの贅沢な料理を生き生きと描写している。美食家の話好きたちが、クミンなどの香辛料入りの酢に浮かべたゆでた豚の子宮のような格別な料理はもちろん、豚肉を主役にした数々の宴会を愛情こめて回想する。豚の内臓はローマ人に非常に珍重され、その利用は贅沢を禁じる贅沢禁止法によって禁じられていたほどだった（が効果はなかった）。

◉「アピキウスの料理書」

「アピキウスの料理書」は最古の詳細なレシピ集で、西暦1世紀以降、多くの料理人から実際に集めたレシピを編纂したものだ。この本はプロの料理人と、料理をする奴隷を所有する裕福な国際人のために書かれた。レシピには動物をまるごと1頭や、高価な香辛料やワインを必要とする金持ち向けのものもあるが、ほかは都市に住む中流階級の人々でも料理しやすいもので、なかには非常に簡素なものもある。

大麦スープは豚のすね肉でつくることができ、またベーコンをたっぷりのディルといっしょに煮こみ、少量の油と塩をふりかけただけの料理もある。それよりやや手がこんでいるのがアピキウス風コンキクラのような煮込み料理で、きざんだソーセージ、豚肉のフォースミート（味つけひき肉）、豚肩肉、粉末香辛料にゆでた乾燥エンドウ豆を加え、リクァーメン、ワイン、油を具材が浸《ひた》るくらいまで注いだら、とろ火で煮こむ（リクァーメンはローマ人がよく利用した魚醤《ぎょしょう》で、現代のタイのナンプラーに似ていた）。

もうひとつの煮込み料理、ミヌタル・マティアヌムは、牛肉のミートボールと、皮目をパリパリに焼いた豚肩肉の角切りを、リクァーメン、ほかの調味料、ストック［スープやソースの材料に使う煮出し汁］で煮こみ、さらにさいの目に切ったマティアンリンゴ、香辛料、酢、はちみつ、デフラタム（果物のシロップを煮詰めたもの）を加え、仕上げに砕いたトラクタ（乾燥させたペストリー生地）でソースにとろみをつける。

豚肩肉はまた、大麦、イチジクといっしょに煮こみ、それにはちみつを塗って、真っ赤に熱したフライパンで脂身がカリカリになるまで焼き、甘いレーズンワインのソースとワインに浸した丸パンを添えて出すこともある。豚の胃袋には、すりつぶした豚肉、脳みそ、生卵、くせのある調味料を詰め、ゆでるかローストする。睾丸もやはり子宮と同様、詰め物をして焼くことができる。

アピキウスの比較的豪華な料理には、料理人が創意工夫を発揮することを目的に考案されたものもあるようだ。ローマの料理人は、ワインやはちみつ、リクァーメンのほか、8～10種類のハーブや香辛料を加えた甘いソースを肉にかけるなどして、基本の料理をアレンジすることが多かった。

ある凝ったキャセロール料理［ふたつき厚手鍋（キャセロール）で調理した料理］は、まずキャセロールの内側を網脂《あみあぶら》［豚の内臓を包んでいる網状の脂肪］でおおい、そこに油と炒った松の実、ゆでた乾燥エンドウ豆をしき、さらにさいの目に切ったゆで豚肉ときざんだ焼きソーセージを何層か重ねていき、最後は豆で終える。この上に、豚ばら肉をリクァーメン、水、ポロねぎ（リーキ）、コリアンダーの葉、フォースミート、鶏肉、脳みそ、香辛料で煮てつくったソースをかける。そのあとふたをして焼き、焼きあがったら皿の上にひっくり返し、かたゆで卵の白身に白コショウ、松の実、はちみつ、白ワイン、リクァーメンを混ぜてきざんだものを添える。

もっとも贅沢な豚肉料理、乳飲み子豚のローストのレシピは17種類ある。あるレシピには、豚に、鶏肉のフォースミート、ヒタキとツグミの肉、ソーセージ、種抜きナツメヤシ、乾燥タマネギ、殻つきカタツムリ、マロー（ゼニアオイ）、ビートの根、ポロねぎ、セロリ、ゆでたキャベツ、コリアンダー、コショウの実、松の実、卵15個、リクァーメンを混ぜたものを詰めると書かれている。焼きあがったら必ず背開きにし、コショウ、ヘンルーダ、リクァーメン、甘いレーズンワイン、はちみつ、油を煮詰め、でんぷんでとろみをつけたソースをかける。

◉ヨーロッパのソーセージ文化

宴会用に、ローマ人は短脚の豚を豚小屋で飼い、穀物やさらにはイチジクやハニーワインを与えて太らせることもあった。ローマ人はガリア［古代ローマの属領で、現在のフランス、ベルギー、オランダ、スイスとドイツの一部にあたる］からハムを輸入していたが、この地の人々は紀元前1000年からすでにハムをつくっていた。ガリア人はカシ林の多いうっそうとした森林地方に住んでいたが、ここは味のよい豚を育てるにはうってつけの土地で、豚はなかば野生化して歩きまわり、肉が必要になると捕らえられた。ガリア人は宴会では肉を、とくに生豚肉の料理と塩漬け豚肉を大量にむさぼり食うことで知られていた。

ローマには、ルカニアソーセージなど数種類のソーセージがあった。ルカニアソーセージは濃く味つけした豚ひき肉を腸に詰め、暖炉の上部に吊るして燻煙したもので、食べる前に加熱する。

ソーセージはヨーロッパのあらゆる国で発達し、数えきれないほどの種類があった。チタリング（豚の小腸。ケーシングにも使う）を詰めたフランスのアンドゥイエット。生の豚肉と脂肪をきざんでニンニク、塩、香辛料で濃く味つけし、自然乾燥、燻煙、熟成させたジェノヴァのサラミ。豚の肉と脂肪、牛肉の細びき肉をニンニクとハーブで味つけし、燻製にしたポーランドのクラコフスカ（アメリカではキェウバサと呼ばれる）。パプリカとトウガラシで風味づけした豚肉を燻煙したスペインのチョリソー。細かく切った豚ばら肉を調味した赤ワインに漬けこみ、乾燥または低温でゆでてつくるギリシアのルカニカ。牛と豚の細びき肉に同量の細かくすりつぶしたジャガイモを混ぜ、低温でゆでたスウェーデンのユールコルヴ（クリスマスポテトソーセージ）。

レバーヴルスト。一般に豚の肝臓でつくられる。

ドイツは約３００種類のソーセージをつくりだしており、どんな小さな村にもその土地独特のヴルスト（ソーセージ）がある。それには、肝臓と脂肪がペースト状になったクックドソーセージのレバーヴルスト（レバーソーセージ）、香辛料をきかせた生豚肉（牛肉を混ぜることもある）のなめらかなペーストを熟成させたテーヴルスト（紅茶のソーセージ）、豚の血液にさいころ状に切った脂肪、場合によっては舌をきざんだものも混ぜこんでつくるクックドソーセージのブルートヴルスト（血のソーセージ）などがある。これらはすべてそのまま食べられる。

ソーセージはごちそうにもなるが、とくに穀物の混ぜ物がたっぷり詰めこまれてい

イタリアの肉加工食品。各地のサラミやソーセージ。

るものは、昔から貧しい人々にもよく食べられていた。イギリスのソーセージは、半分近くまで穀物が混ぜられている場合もある。19世紀のイギリスのジャーナリスト、ヘンリー・メイヒューは、豚の内臓と脂肪、パン粉またはオートミールをそれぞれ同量混ぜて味つけし、網脂に包んで焼いた貧乏人のソーセージ、ファゴットについて触れている。

●簡単に飼える豚

何世紀ものあいだ、豚はヨーロッパ人にとってもっとも重要な肉の供給源だった。中世初期のイギリスでは、歩きまわってえさをあさる豚はとてもなじみのあるものだったので、『ドゥームズデーブック』［ウィリアム1世が1086年につくらせた土地台帳］には、養える豚の数で大きさが測られた森もあった。大地主は、ウォルター・スコットの小説『アイヴァンホー』に出てくるガースのような豚飼いとともに豚の群れを森にやり、いっぽうそこそこ豊かな農民はみな豚を1頭所有していたが、飼育にはほとんど費用がかからなかった。豚は牛や羊のように牧草地は必要なく、森の中や道端、街の通りでさえ自分でえさを探すことができたからである。

都市に住む貧しい人々は、19世紀になっても豚を飼育しつづけていた。ドイツの社会主義

「眠る豚飼い」。1876年。版画。

豚を焼く巨人と出会うアーサー王。1325頃〜1375年。フランスの写本彩飾。

者フリードリヒ・エンゲルスは、豚がマンチェスターのスラム街の狭い通りを「生ごみの山のあいだで鼻をフンフンいわせながら」自由に歩きまわり、ほぼすべての中庭に豚小屋があったと語っている。(3) 実際19世紀までずっと、イタリアのナポリのような都市は通りの清掃を豚に頼っていた。農村部の飼い主や豚肉の質にうるさい人々は、豚を囲いに閉じこめ、家や畑から出る残りものを食べさせた。本職のビール醸造者や、家庭でビールを醸造する多くの農民は、酪農家がチーズの製造過程で出る乳清《ホエー》を与えてただで豚を養えたように、ビールをしぼったあとに残るマッシュをえさにできた。

E・B・ホワイトの『シャーロットのおくりもの』[さくまゆみこ訳、あすなろ書房]に登場する子豚のウィルバーの食事を見れば、農家がつい最近まで費用をかけなくても豚をりっぱに飼育できたことがわかる――「スキムミルク、小麦飼料、パンケーキの食べのこし、ドーナツが半分、ペポカボチャの皮、ひからびたトースト二きれ、ショウガ入りクッキーが三分の一、魚のしっぽ、オレンジの皮、スープに入っていたヌードルが数本、ココアの膜、わるくなりかけたゼリーロール、ゴミバケツの内側にはってあった紙の一部、それにラズベリー味のゼリーもひとさじ(4)」

◉貧者の味方

豚は天候が涼しい11月か12月につぶされた。生の豚肉は、冷蔵技術がない時代にはすぐ食べなければならず、食べきれない分は保存された。豚はさかさまに吊りあげられ、頸動脈をナイフですばやく切って殺される。脳への血流が遮断されることで豚は意識を失うが、心臓は動きつづけるので、傷口から血がどっと噴きでる。集めた血はブラックプディングの材料となるが、非常に傷みやすいので、香辛料、くず肉、脂肪、穀物、場合によってはタマネギと混ぜ、胃袋か腸に詰めて加熱される。この「血のソーセージ」（または「血のプディング」）は、すぐに食べるか、数週間乾燥させてから食べた。また、一部の部位は生で食された。脇腹肉は塩をふってから桶の中に積み重ね（桶には肉からにじみ出てくる塩水を排出する樋《とい》がついている）、6週間ほど寝かせる。それから涼しい風通しのいい場所に下げて乾燥させ、最後に煙突の中にあまり火に近づけないようにして吊るし、約1か月間、薪《まき》の煙で燻煙する。

18世紀から19世紀にかけて活躍したイギリスのジャーナリスト、ウィリアム・コベットによると、適切につくって保存すれば、ベーコンは「1年は新鮮さを保つ」という。(5) 一般に、貧しい家庭はロースやもも肉のような最高級部位は売り、年間を通してベーコンやソーセージで食卓を豊かにしていた。

16世紀のオランダのエッチングに描かれた豚の屠畜

「豚の屠畜」。中世の暦の12月の水彩挿絵。

ダーフィット・テニールス（子）「ソーセージづくり」。1642年。油彩、カンヴァス。

サミュエル・シドニーは19世紀に、「豚にまさる労働者貯蓄銀行はない」といっている。これはつまり、子豚を初夏に1ポンド（ソブリン金貨1枚）で買い、家庭の残飯で育て、クリスマスにつぶし、つぶしたら農家はもも肉を売って「別の豚を買い、残った部位はただ同然ですべて自分で消費できる[6]」からだ。

年に一度の豚の屠畜は当然ながら祝い事だった。ヨーロッパやアジアの各地に住む貧しい人々にとって、豚はふつう唯一の肉の供給源を意味していたからだ。もっとも貧しい農民は肉にまったくありつけなかったが、多少余裕のある人々はベーコンが手に入った。ウィリアム・ラングランドの長詩『農夫ピアーズの夢』では、主人公の農夫ピアーズは肉を食べられないが、自作農は脇腹肉のベーコンを食べている。ベーコンは乾燥豆と組みあわせて調理することが多かったが、それはどちらも冬を通して保存することができたからだ。

塩漬け豚肉は豆の味を引き立たせ、いっぽう豆の淡白な味は豚肉の塩気をまろやかにした。その伝統的なイギリス料理が豚肉とエンドウ豆のプディングで、乾燥エンドウ豆をすりつぶして味つけしたものを布に包み、塩漬け豚肉のゆで汁でゆでてつくる。

著書『農業労働者の節約 *Cottage Economy*』（1823年）の中でコベットは、豚が労働者階級の幸福にいかに貢献しているかについて説明している。そして実際、家に「脇腹肉のベーコンがふたつ」あるのを見れば、人は「5万回のメソジスト派の説教と伝道用パンフレット」

アーノルド・ファン・ウェスターハウト「豚を去勢する３人の男」。1765年。エッチング。

あるいは「刑事法令まるまる１冊」よりも「密猟や盗みをしようという気を起こさなくなる」と主張した。そして、労働者が貧しく栄養不良なら、ひとつには健康と幸福を維持してくれる豚製品――ベーコンやラード――をあなどっているからだ、とも述べている。

コベットは農家に生後４か月の豚を買うことを勧め、そうすれば豚は野原や道端で拾ったものや、台所と庭のごみを食べて育ち、飼い主にはほとんど費用がかからないといっている。そして豚が１歳に近づいたら、穀物で太らせる。豚をつぶした直後の１週間は、内臓と血液でつくったプディングで申し分なく生活していける。「翌日、肉屋が豚を切り分けると、家は豚肉であふれかえる。豚の頭・耳・脚の塩漬け、ロース赤身肉、肩胛骨肉、大腿骨肉、スペアリブ（骨つきばら肉）、背肉、ばら肉の切り落とし、ほお肉、このすべてが次から次へと使われ、４～５週間たたずに使い切られる」

残った両脇腹肉はベーコンに加工され、次のクリスマスまで家

「ピッグパイ売り」。1820年頃。版画。

ドイツのごちそう、シュマルツ（ラード）を塗ったパン

族に肉を提供することになる。ベーコンは「いつでもすぐに食べることができ、冷めたままでも温めてもおいしく、野原や森にも便利にもっていけ……同じ重量のほかの食品にくらべ倍のメリットがある」

ラードも同じように貴重だった。田舎の子供なら、パンに甘みのあるラードを塗るときっと喜ぶだろう。バターをせがむのは、しつけが悪い証拠だった。[7] ラードは、植物油を輸入に頼り、バターは富裕層専用だった北ヨーロッパではとても大切なものだった。ラード（とベーコン）は、安価で味気ない食材でつくった料理に風味を与えるだけでなく、不可欠な脂肪を貧しい人々の食事に供給した。

◉中流階級のディナー

もっと裕福な人々は、医者が健康維持に最適の食品と勧める肉を大量に食べていた。中流階級は、ディナー［正餐。昼または夜にとる一日のうちの主要な食事］に大きめの肉の切り身を少なくとも一切れ食べることができ（カトリック諸国における肉を食べない多数の断食日は除いて）、金持ちは獣肉、家禽、魚介類など幅広く選べた。

14世紀の『良妻のための手引き *The Good Wife's Guide*』（原題『パリの家政 *Le Ménagier de*

Paris』。ある裕福なパリのブルジョアが若い妻に料理や献立など家事について指南するという設定で書かれた本）からは、中流階級が食べていた高級な料理がよくわかる。ディナーの献立はつねにロースト料理に重点がおかれ、ワケギ（スキャリオン）とヴェルジュース（未熟のブドウなどの果物からとったすっぱい果汁）を添えた豚の串焼きロースト、凝った詰め物をした子豚のロースト、ゆでハムのほか、サフランで風味づけしたストック、グレインヴェルジュース、ショウガ、パンで煮た豚もも肉にすりつぶしたブドウのソースをかけたものなど多数のレシピが紹介されている。

豚肉はたいてい保存加工がなされ、おもに添え料理――ソーセージ、イノシシの尾のロースト、豚の背肉の塩漬け、豚肉のゼリー寄せなど――として登場するほか、エンドウ豆のスープやウサギのシチューのような料理の風味づけにも使われている。またラードは、今日バターを使うように、生エンドウ豆の料理の仕上げに加えられている。

1345年に十字軍に加わったある下級諸侯は、妻に留守中の家計のやりくりについて指示を残している。それには、食事を出すのは30人までとし、豚をつぶすのは週1頭、塩漬け豚は年30頭使うよう明記していた。

牛肉が当時、一般的でもなければ望まれてもいなかったのは、牛はふつう乳製品や労働のために飼われ、年老いて肉が硬くなってからつぶされていたためだろう。子牛の肉は魅力的だったが、保存加工するのは簡単ではなかった。それに対し豚肉は、保存食にするとさらにいっそうおいしくなった。

とはいえ豚はありふれていたうえ、塩漬け豚肉が貧しい人々にとって欠かせない食べ物だったこともあり、豚肉は王室の献立や高級志向の料理書にメイン料理として登場することはめったになかった。家禽や野禽《やきん》（野生の鳥）、猟鳥獣の肉のほうが豪華な宴会には好まれた（鶏肉は、いまではとても経済的な肉だが、19世紀に入るまでは比較的高価で、また狩猟が上流階級に限られていたことから、猟鳥獣は珍重された）。

それでも乳飲み子豚のローストだけはあいかわらず贅沢な食べ物だった。母豚の乳だけで育ったこれらの子豚は生後2～6週間でつぶされるが、3～4週間がもっとも望ましい。乳飲み子豚は19世紀にはまだ広く手に入ったが、現代ではまず見られない。イノシシの肉が変わらず貴族に好まれたのは、上流階級の特権である狩猟によって手に入れなければならなかったからだ。

頭は特別なお祝いのごちそうだった。ヴィクトリア朝時代の著名なシェフ、アレクシス・ソアイエは、イノシシの頭の手のこんだ調理方法について書いている。まず、毛をこそげたら、皮に傷がつかないように頭の骨を抜き、ブラウンシュガーと香辛料を加えた塩に8～10日漬ける。それから豚肉のフォースミート、ベーコン、トリュフ、ピスタチオを詰め、縫いあわせて頭の形を再現する。次にそれを味つけした濃厚なストックで7～8時間煮こむ。冷めたらグレーズ［照りをつけるシロップなど］をかけ、目（ラードにトリュフを混ぜて丸めたもの）と牙（パン生地を焼いたもの）をつけ、生花をあしらう。イノシシが手に入りにくくなるにつれ、豚の頭が同じように調理されることもあった。『パリの家政』の著者は貴族を真似ることに熱心で、妻に豚をイノシシに似た味に調理するよう指示している。

◉上流階級の凝った「添え料理」

貴族のディナーにメイン料理として登場することはまずなかったものの、豚肉は中世の料理では広く使われた。

19世紀までは宴会にくわえ、晩餐会さえもメインコースが3つあり、各コースで（次々出てくるビュッフェのように）8～10皿の料理が出された。それぞれのコースにはたいてい豚肉の添え料理がふくまれ、豚ひき肉、ドライフルーツ、香辛料、卵を詰めたパイなどが出されたが、そうしたパイにはもっと贅沢に、豚ひき肉のミートボール、ソーセージ用の味つけひき肉、香辛料、卵、干しブドウを詰めて焼き、さらにそれをサフランで黄金色に染め、はちみつをかけ、仕上げにシナモンをふりかけた揚げリンゴの薄切りを飾ったものもあった。

内臓は、肝臓、腎臓、睾丸、すい臓、脳、骨髄が依然として珍味と考えられていたため、高級な食事の席で出された。

好色家の美食卿マモン［ベン・ジョンソンの風刺喜劇『錬金術師』（『エリザベス朝演劇集II ヴォルポーネ、錬金術師』、小田島雄志訳、白水社に収録）、第2幕第2場］は、途方もなく豪勢な饗宴を思い描いて、珍味のリストにこうつけ加える。

ふとったはらみ豚から
いま切りとったばかりのぷっくらした脂ののった
乳首に極上のピリッとしたソースをかけたもの

ブローンは頭部のゼラチン質の豊富な肉を使った料理で、最初に出される添え料理として非常に人気が高く、昔からクリスマスに食べられていた。はじめはイノシシでつくっていたが、イノシシは16世紀には手に入りにくくなり、その後は豚が利用されるようになった。頭をまず塩水で軽く塩漬けし、そのあとゆでて骨を抜く。頭の肉はゼラチン質が多いので、ゆで汁を煮詰めればゼリーがつくれるほどだ。

中世には、頭はエール［ビールの一種］、塩、ヴェルジュースを混ぜた漬け汁の入った壺に

ブローンとも呼ばれるヘッドチーズ（ソーセージの一種）

保存した。肉は酢とコショウ、またはワインにはちみつか砂糖を加えて濃く煮詰めた香辛料入りシロップ、もしくは粉末アーモンドと砂糖をかけて出された。18世紀以降は、きざんだプローンを濃厚な煮汁でつくったゼリーで固めるようになった。現在はチーズのような円筒形に固めるのがふつうなので、アメリカでは「ヘッドチーズ」と呼ばれている。

手のこんだ豚足料理、サント・ムヌー風豚足のグリエは、その起源を15世紀のシャルル7世の時代にまでさかのぼるといわれる。フランスの作家アレクサンドル・デュマは、王が田舎で立ち往生し、地元農民に食事を求めた顚末《てんまつ》についてこう語っている。農民は王に出すのにふさわしい料理をつくろうと悩みに悩んだ末、豚の足を野菜、ハーブ、ワインで1時間半煮こむと、骨をはずして牛乳と卵にくぐらせてパン粉をつけ、溶かしバターをかけながら直火で焼いてみた。すると王はこの料理がいたく気に入ったという（由来についてはもっとつまらない話がいくつかあるが、この料理は現在も広く知られ、地元が誇る名物料理となっている）。

フランスの料理人タイユヴァンの『食物譜 *Le Viandier*』は中世最古の料理書で、貴族趣味が反映されている。これにはローストポークのレシピもふくまれるが、家禽や野禽を使った料理のほうが多く掲載され、イノシシと豚のレシピはほぼ同数である。

著者と思われるギヨーム・ティレル［タイユヴァンの別名］は14世紀後半、フランス王家

ダニエル・ホファー「ソーセージ売り」。16世紀。版画。

のさまざまな王族に料理人として仕えた。ティレルによれば、ローストポークは、ニンニク、タマネギ、ワイン、ヴェルジュースを鍋に入れ、そこにロースト肉汁を加えて煮詰めたソースをかけるか、あるいはサフランと粉末香辛料で味つけしてパスティ［肉入りパイ］に入れ、ヴェルジュースを添えて食べるのがお勧めだという。コールドポーク［豚肉の冷製料理］には酢とヘンルーダのソース、熱々のゆでた生豚肉にはパセリなどのハーブでつくったおいしいグリーンソース、ゆでた塩漬け豚肉にはマスタードをそれぞれ添える。ポタージュ（濃厚なスープまたはシチュー）はほとんどが、材料をベーコンの脂で炒めて風味づけしていた。

ティレルは豚の足と肝臓を使ってアントルメを創作している。アントルメとは、肉料理とデザートのあいだに出される奇想を凝らした料理のことで、シェフが創意工夫を発揮して客を喜ばせるためのものである。

17世紀には、牛肉、子牛肉、羊肉が上流階級の食卓にならぶ典型的な食肉になり、豚肉が登場するのは乳飲み子豚やハムに限られたが、ラードはあいかわらずよく利用され、豚ひき肉も詰め物に広く使われた。フランソワ・ピエール・ド・ラ・ヴァレンヌは17世紀のある有力なフランス貴族に仕えた料理人で、古典的フランス料理の創始者とされている。彼が1651年に書いた料理書『フランスの料理人』〔森本英夫訳、駿河台出版社〕は75年間で30回の増刷を重ね、この本の影響はヨーロッパ中の貴族の調理室のほぼすべてにおよんだ。当時はバターが使われはじめた頃だが、ラ・ヴァレンヌは油脂にはたいていラードかベーコンの脂を使っている。

この本の中で、アントレ〔前菜〕、メインの肉料理、アントルメのレシピが紹介されている。肉を食べてよい日のアントレは、ゆでるか揚げるかした肉にソースを添えたもので、メインの肉料理は、肉の大切り身を直火で焼いたものや、小型の鳥や哺乳類を丸焼きにしたものだった。ラ・ヴァレンヌのアントレには数種類のソーセージ、ソテーして煮こんだ豚の舌、子豚のラグー（煮込み）などがあり、ラグーは煮汁を冷やしゼリー状に固めて供することもできる。

メイン料理として出される61種類の肉料理には、豚肉と牛肉の料理は比較的少ない。家禽や野禽がもっとも多く、カイウサギとノウサギ、羊肉（マトン）と子羊肉（ラム）、シカ肉がそれに続く。若いイノシシと乳飲み子豚がリストに載っており、ラ・ヴァレンヌはそれより前の中世のローストポークのレシピによく似た「豚ロース肉のソースロベール添え」のレシピを紹介している。

彼のアントルメには、ゆでた豚の足と耳、ハムの冷製パイ、ワインでソテー、もしくはブイヨンと酢に浸してからパン粉をつけて焼いた薄切りハム、あるいは豚の舌を薄切りにしてブイヨンで煮こんだあと、酢を加えたラードでソテーし、レモン汁、ケーパー、ブドウの実を添えたものなどがあった。

さらにマイヤンス（マインツ）ハムのつくり方も手ほどきしている。豚肉を塩漬けし、香辛料で味をつけたら、ワインの澱《おり》に漬けて地下室で寝かせる。そのあと煙突の中に吊るし、ジュニパーで香りづけする。マイヤンスハムはバスク風パスティの具にも使われる。ラードとパセリをしいたライ麦のパイ皮に濃く味つけしたハムを詰め、厚いペストリー生地をかぶせたら、低温のオーブンで14〜30時間、ハムがほろほろとくずれるくらいやわらかくなるまでゆっくり焼く。ラ・ヴァレンヌがディナーのメイン料理に豚肉を使うことはまれで、豚肉は保存加工したもののほうを好んでいる。

◉イギリスの豚肉料理

16世紀のイギリスでは、牛肉がもっとも珍重される食肉になっていた。ロジャー・ノース卿が1578年にエリザベス女王の訪問を受けて催した豪華なディナーでは9種類の肉料理と魚料理が出されたが、豚肉は牡蠣と若鶏の料理の味つけに使われたベーコンだけだった。星室庁［刑事特別裁判所。1487年創設、1641年廃止］の裁判官の定例ディナーを1519年から1639年まで記録したものからは、ほとんど牛肉を食べていたことがわかっている。さらに家禽や野禽、ウサギも食べているが、どうやら豚肉は下層階級の食べ物だと考えられていたようだ。たった一度だけ、前菜としてブローンが出されたらしい。

イギリスの作家、ヘンリー・フィールディングが書いた歌『古きよき英国のローストビーフ』やウィリアム・ホガースの油彩画『カレーの門』からは、18世紀なかばにはローストビーフが真に男らしいイギリスの食肉だとみなされるようになっていたことがわかる。ある19世紀の作家はこの考えを中世にまでさかのぼらせて、「クレシーとアジャンクールで勝利した弓兵隊は牛肉を食べていた［「クレシーの戦い」「アジャンクールの戦い」とは、いずれも14世紀から15世紀にかけて行なわれた百年戦争でイングランド軍がフランス軍に勝った戦闘］」と主張している(8)（実際はもちろん、ベーコンを食べて勝たねばならなかったのだが）。1980年代

上：ピアシー・ロバーツ「豚肉を食べる水夫」。1807年。着色エッチング。豚肉に剛毛がついたままだと水夫がおかみに文句をいっている。
下：ジョージ・クルークシャンク「アイルランドの豚を視察！　心身の状態を観察しに」。1799年。着色エッチング。アイルランドの反乱（1798年）鎮圧後、元反逆者は和解のしるしとしてイギリス国王に大型の豚を贈った。

初期のイギリス人はまだ「日曜日の昼食」［日曜日の午後1時頃に家族そろってとる食事］を楽しみにしていて、ヨークシャープディングを添えたローストビーフを好んでいた。

18世紀になっても、豚肉はあいかわらず中流階級に人気が高かった。ハンナ・グラスの『簡単明瞭な料理術 *The Art of Cookery Made Plain and Easy*』（1747年）は、まちがいなく当時もっとも成功した料理書で、数人の未熟な使用人とともに家庭をきりもりする女性に向けて書かれている。

この本の中でグラスはさまざまな豚肉料理を紹介している。タマネギといっしょにローストするか、または風味づけしたパン粉とラードを詰めてローストし、香辛料入りアップルソースを添えたロース肉。煮こんでから揚げた豚の足と耳。味つけしたひき肉とベーコンをのせて焼き、マッシュルーム入りグレービー［肉を焼いたときに出る肉汁からつくるソース］をかけたポークチョップ。リンゴまたはエンドウ豆のプディングを添えた揚げソーセージ。残りものの冷めたゆでハム、鶏肉、かたゆで卵の黄身を詰めたパイにこってりしたビーフグレービーをかけたもの。あるいは味つけした豚ロース肉の細切り、リンゴ、砂糖、白ワインを詰めたパイ。ベーコン、牛肉の薄切り、野菜、ハーブといっしょに蒸し煮にし、凝ったグレービーをかけたハム等々。どうやら下処理の大半はまだ家庭で行なわれていたらしく、著者はまるごと1頭の豚を解体する方法や、ソーセージのつくり方、ハムやベーコンを塩漬けし燻製にする方法も説明している。

1770年のある記録では、裕福な聖職者ジェームズ・ウッドフォードが催したささやかな晩餐会で魚料理、ゆでハムと鶏肉料理、鴨のロースト、豚首肉のローストがふるまわれた。ウッドフォードの宴会はたいてい2コースからなり、そのうちの1コースに豚肉やハム、ベーコンが出されている。

E・スミスが著書『熟達した主婦または教養ある淑女のための手引き *Complete Housewife: or, Accomplish'd Gentlewoman's Companion*』（1753年）の中で豚肉をほとんど使っていないのは、おそらく比較的裕福な読者を対象にしていたからだろう。

スミスはイギリスの上流家庭で長年料理人をしていた。この本には一年を通して利用できる献立が提案されており、月ごとに2種類の献立が紹介されている。ディナーは2コースからなり、各コース7～8品の料理が出される。豚肉はめったに使われず（350品中18品）、使われてもたいていは塩漬けしたものか、ブローン（ヘッドチーズ）やハムのパイのような添え料理、もしくはハトや鶏肉の香味料として登場するくらいだ。豚肉がメイン料理の主要食材に使われているのはたった一例だけで、それは7月の豚のローストである。それでもスミスの本には、豚の耳のラグーや豚のフリカッセ［ホワイトソース煮込み］など、工夫を凝らした料理のレシピも載っている。

◉労働者階級のための豚肉料理

ヴィクトリア朝イギリスで有名シェフとなったフランス人のアレクシス・ソアイエは、紳士専用クラブのリフォームクラブで上流階級のために腕をふるったが、飢饉に苦しむアイルランドの農民やクリミア戦争で戦うイギリス兵などの労働者階級の食べ物にも関心をもっていた。そして社会のさまざまな階級に適した料理書を出版し、ベストセラーとなった。

その著書『美食学の改革者――シンプルでまったく新しい料理体系 *Gastronomic Regenerator: A Simplified and Entirely New System of Cookery*』（1846年）は上流／上位中流階級向けに書かれているため、豚肉は登場しない。ソアイエはこう書いている。「豚肉は一部の人々に非常に好まれているが、セージとタマネギを詰めてローストしたものを除いて、リムーヴにはほとんど使われていない」（リムーヴとは、ディナーのメイン料理である、焼くかゆでるかした肉の大切り身を指した）

それでもソアイエは、「豚肉をリムーヴに仕上げるための6つの新しい調理法」を提案し、豚は10月から3月までが旬だと強調している。[9] 6つの調理法には、もも肉にソースロベール（酢、マスタード、ガーキンのピクルス、酢漬けマッシュルームで調味したグレービー）を添えたものや、あるいはもも肉にパン粉をまぶして焼き、ケチャップと酢で味つけしたブ

子豚の串焼きロースト

ラウンソースをかけたもの、首肉のレムラードソースまたはブラウンソース添え、詰め物をした乳飲み子豚の串焼きローストなどがあった。ソアイエの添え料理やアントレとして出す軽めの肉料理のレシピでもやはり、豚肉はほかの獣肉や鳥肉にくらべ、使われることがはるかに少ない。

中流階級向けに書かれた『現代の主婦 *The Modern Housewife*』(1851年)では、ソアイエはより倹約に関心をもち、豚肉についてもっと好意的に語っている。「栄養を摂取するのに豚ほど役立つ動物はいないし、また豚ほど台所になくてはならない動物もいない。生でも保存加工しても利用でき、捨てるところがまったくない……豚は農民の余剰の富で、農家の小作料の支払いを軽減する」

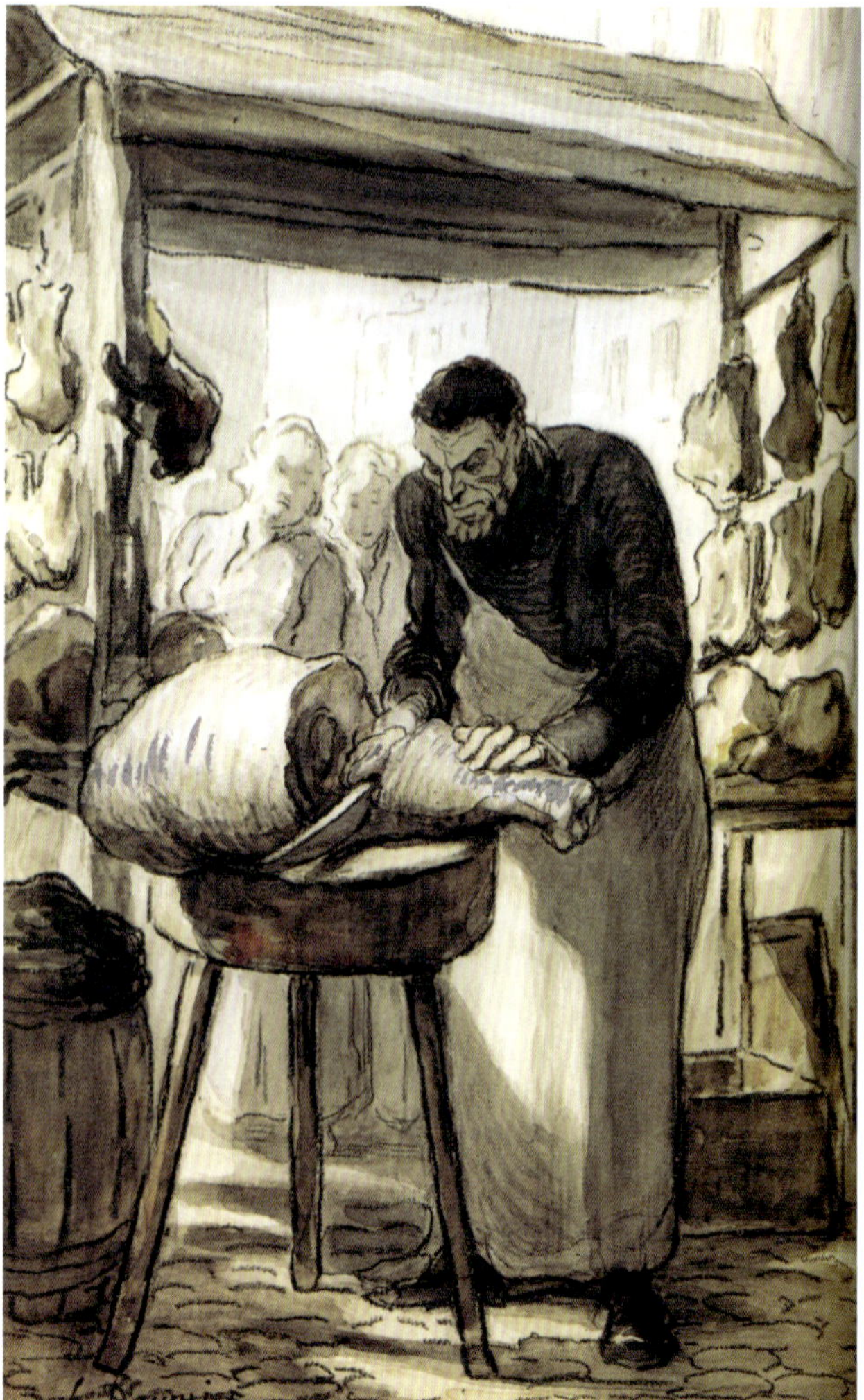

オノレ・ドーミエ「市場の露天の豚肉屋」。1860年頃。水彩ペン画。

それでもやはり豚肉を使ったリムーヴのレシピは、牛肉と子牛肉の30品、羊肉と子羊肉の25品にくらべると13品しかない。これには、脚肉や背肉、スペアリブ、または乳飲み子豚の串焼きロースト、ロース肉または首肉のローストのオニオンマスタードグレービー添え、ジャガイモ、タマネギ、リンゴといっしょに焼いたロース肉または首肉、ゆでたベーコンのような手頃な価格の切り身にソラマメをつけ合わせたもの、ゆでた塩漬け豚ばら肉に野菜を添えたものなどがある。

不思議なことに、ハムは生の豚肉より高級だった。ソアイエによれば、ハムは「使い勝手がよいうえ人気の料理で……宮殿でも農業労働者の小屋でも等しく好まれ、50種類以上の調理法の異なる料理がつくれる」という。

ハムは温製にしても、グレーズをかけても、あるいはパン粉をまぶして焼いてもいい。ソアイエが貴族のディナー向けにも提案しているカットレット［薄切り肉に小麦粉、とき卵、パン粉をつけて揚げたもの。カツレツ］のほか、豚肉のアントレには、腎臓を使った料理や、ポークハヤシ［細切れ肉料理］のような残りものでつくった料理、焼いた薄切りハムにエンドウ豆のクリーム煮のピューレ［裏ごししたもの］をかけたものなどがある。ベーコンやハムはさまざまな野菜スープの出しになり、そうしたスープに「とても経済的な」フランス風キャベツスープがある。これは、塩漬け豚ばら肉またはベーコン約９００グラムと、同量のキャベツ、根菜少々、セロリの茎ひと束をいっしょに煮たものだ(10)。

この本の中でソアイエに代わって語っているベテラン主婦は、一家が事業をはじめたばかりの頃、事業が軌道に乗った頃、そして裕福になった現在の典型的なディナーの献立を披露して同書を締めくくっている。最初の頃は週に2回豚肉をメイン料理にしていたが、それがやがてきわめてまれになり、非常に裕福になると豚肉は添え料理としてのみ登場するようになる。そして極めつけは、リフォームクラブで出される華麗なディナーメニューの再現だろう。このメニューの唯一の豚肉料理は「びっくりハムのバニラアイスクリーム」で、明らかにデザートの一種だった。

ソアイエの『庶民のための1シリング料理の本 *A Shilling Cookery Book for the People*』(1854年)は、暮らし向きのよい労働者階級の料理人のために書かれたもので、豚肉に比較的重点をおいているが、期待したほどではない。もっぱら、割安な肉の切り身や、肉の割合を野菜より少なくすることを勧めている。

『ソアイエの庶民のための毎日の料理 *Soyer's Standard Cookery for the People*』(1859年)はやや下層階級――「職人、修理工、農業労働者」――向けの料理書で、豚肉をかなり使用しているが、最大のテーマは「わずかな肉をいかに長持ちさせるか」だ。たとえば、ベーコンはスプリットピー[干して割ったエンドウ豆]のスープに、ハムはニンジンスープやエンドウ豆

ウィレム・クラース・ヘダ「ハムとロールパンのある食卓」。1635年。油彩、木。

のパナーダ〈ベーコンで味つけしたスプリットピーのピューレ〉、コーンミールポレンタ〈コーンミール〈トウモロコシ粉〉の粥《かゆ》のあいだに豚肉、ソーセージ、または牛肉の薄切りをはさみ、さっと焼いてからグレービーか糖蜜をかける〉、肉と野菜のカルトゥジオ〈豚の舌、足、ベーコン、ハム、レバー、ソーセージ、またはほかの種類の肉にたっぷりキャベツをのせ、2時間焼く〉などに入れる。最後の料理は、肉食を禁じられていたカルトゥジオ会の修道士が、許されている食べ物の層の下に肉を隠したことに由来する。

●中流階級の家庭料理

イザベラ・ビートンはイギリス中の主婦から集めたレシピをもとに『家政読本 *Book of Household Management*』（1861年）を編纂した。したがって、この本にはおそらく当時のイギリスの中流階級が食べていたものが正確に写しだされているだろう。

ビートンは、豚は大食で怠惰で悪食だとさげすんでいるが、こうも認めている。「きびしく非難されている豚だが、これほど人にとって有益で便利な家畜もいなければ、変化に富んだ贅沢な食事を与えてくれる家畜もいない」。さらに「豚の脂肪は……その肉と同じくらい非常に貴重で、胴体の最上部位に匹敵する値がつく」ともいっている。[11] というのも、ラードは依然として揚げたり焼いたりする際に欠かせないものだったからだ。ビートンは25種類の豚肉料理のレシピを紹介しており、これは羊肉や子羊肉のレシピとほぼ同数だったが、牛肉や子牛肉にくらべればかなり少なかった。

豚肉のレシピには、ロース肉のロースト、もも肉のロースト、パン粉をまぶして焼くか、またはグレーズをかけたハム、大皿に趣向をこらして盛りつけた乳飲み子豚のローストなど、高級なものもあった。

ビートンのローストポークは典型的なイギリス式で、パリパリの焦げ皮《クラックリング》に仕上げるため皮はそのままつけておく。縮んで肉が変形しないように焼く前に細かい切れ目を入れ、盛りつけるときにはがして細切りにし、パリパリの皮を肉のまわりに散らす。フランスとアメリカでは、皮をとり除き、肉に肉汁をかけながら焼いて脂身に照りをつける。ビートンも多くの国々の料理人と同様、豚肉にはアップルソースを勧めている。

ビートンはさらに、経済的なレシピも紹介している。それには、炒めるか、直火で焼くか、ゆでるかしたベーコンに野菜をつけ合わせたもの、残りものの豚ロース肉にソースをかけて温めたもの、あるいはそれを挽いてつくるポークローフ、レバーとフワ（肺臓）の薄切り、半ゆでにしたジャガイモ、ベーコン、調味料、タマネギを2時間焼いたキャセロール料理（「おいしくて安上がりな料理」）、豚の足をレバー、心臓、ベーコンといっしょに、調味したグレービーで煮こんだものなどがある。

ビートンはハムとベーコンをストックやスープ、鳥肉やウサギ料理、野菜の味つけに多用しているほか、赤身肉にラードをはさみこむ方法についても解説している（ラーディング。肉のあいだにラードの細切りをはさみこんでこってりした味にする技法で、起源は中世にさかのぼる。当時は脂肪の少ない猟鳥獣のぱさぱさ感をやわらげることがとりわけ重要だった。この技法はいまも使われているが、アメリカの料理家ジュリア・チャイルドによれば、肉質をよくするというより見栄えをよくするために利用されているという）。

ビートンは、あらたまったもてなしと家族との食事について、それぞれにお勧めの献立を広範なリストにまとめている。

晩餐会はヴィクトリア朝時代の重要なステータスシンボルだった。中流階級の家庭は月に一度、上流階級の家庭は週に一度、晩餐会を催すことを心がけていた。くわえて中流階級は、節約のため晩餐会の残りものを活用しなければならなかった。豚肉は、ビートンの手のこんだ献立の中でいちばん人気ではないものの、ひんぱんに使われている。それも当然といえば当然で、というのも、ビートンの趣向をこらした18人向け晩餐会は4コースからなり、全部で20品を超える料理が出されるからだ。そこで豚肉が、子牛肉とハムのパイや、ハムのあぶり焼きのカリフラワー添えのような添え料理に登場する。

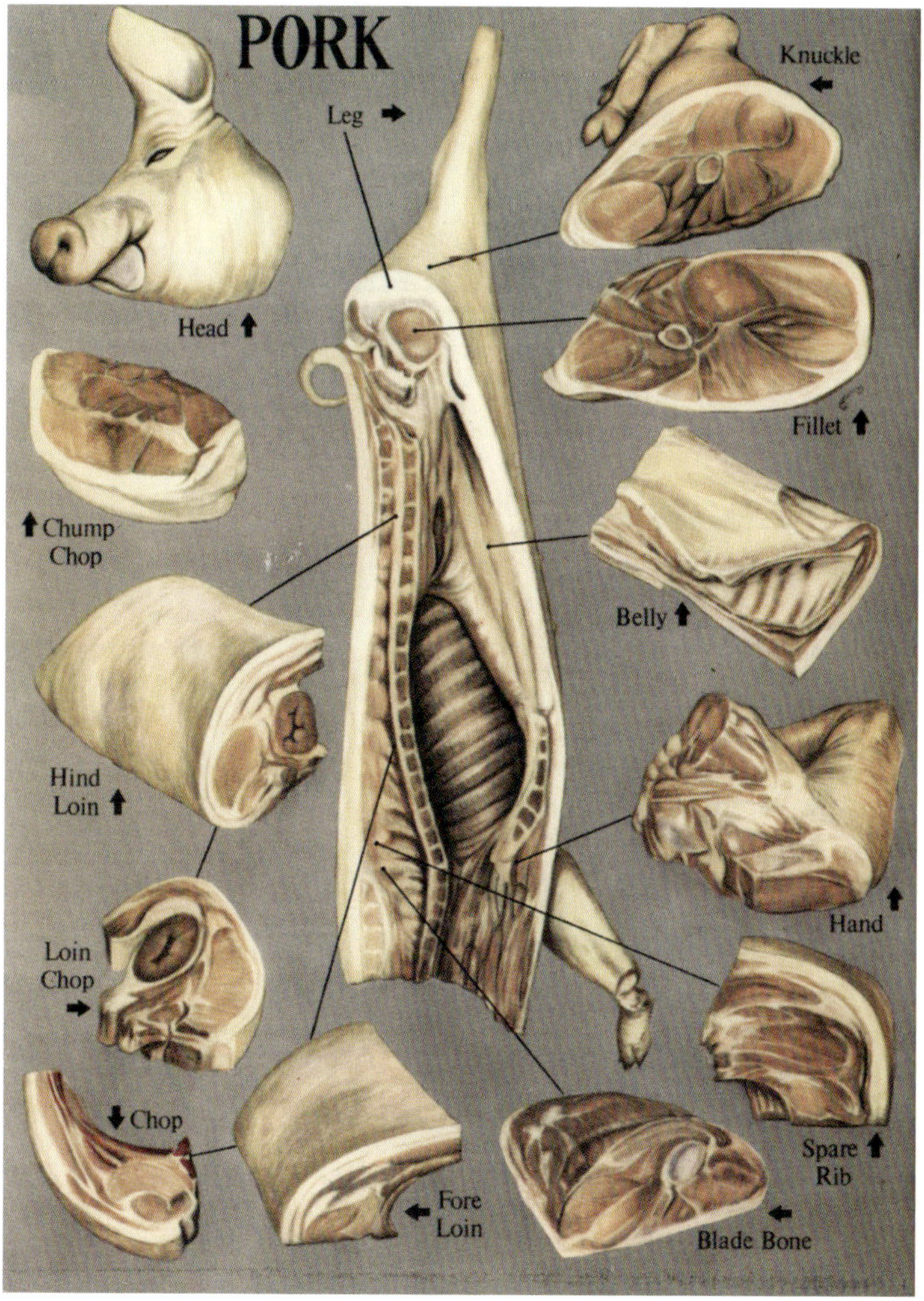

豚肉の部位。ビートン夫人『料理のすべて *All About Cookery*』（1962年改訂版）より。

「簡素な家族とのディナー」はメイン料理とデザートの2コースで、豚肉が目立って使われた。ビートンは1週間分のディナーの献立を一年を通して提案している。たとえばある週の献立は、火曜日に豚肉のカットレットのトマトソース添え、木曜日にはゆでた豚の脚肉と野菜、ジャガイモ、それにエンドウ豆のプディングのつけ合わせ、金曜日には豚肉のゆで汁でつくったエンドウ豆スープとコールドポーク。乳飲み子豚のローストのトマトソースとブレーンソース添えはおそらく日曜日の昼食の目玉料理で、その残りは月曜日に食卓にならぶ。そして土曜日のお勧めはベーコンと野菜。また別の週には、豚肉のカットレットのトマトソース添えが再び火曜日に提案され、豚の脚肉のローストが3日間――木曜日は焼きたて、金曜日は冷めたもの、土曜日は塩漬けにして――登場する。

イギリスの小説家チャールズ・ディケンズの妻キャサリンは、1852年に献立集を出版した。その献立集には、2〜3人向けのディナーが72種、4〜5人向けが39種、6〜7人向けが32種、8〜10人向けが25種、14〜20人向けが5種おさめられ、もてなし好きの裕福な上位中流階級の家庭が19世紀なかばにどんな料理を出していたかがよくわかる。

2〜3人向けの比較的簡素なディナーは、スープか魚料理、野菜とジャガイモをつけ合わせた肉料理2品、それにデザートが1〜2品という内容だった。生豚肉もしくは豚肉加工品は多くの献立に登場するものの、羊肉や鳥肉、牛肉にくらべれば少ない。72種の献立の

イングリッシュマスタードを添えた伝統的なポークパイ

うち12種で、肉料理2品のうち1品が次のような豚肉料理になっている――カットレット、ベーコン、塩漬け豚肉、子牛のレバーとベーコン、ゆでたすね肉のハム、ベーコン入り牛または羊肉のミンチ。

4～7人向けのより手のこんだ71種の献立にはたいてい羊肉か鳥肉、もしくは牛肉のローストがふくまれる。ローストポーク、それも明らかに乳飲み子豚のローストが、ある特別に豪華なディナーにローストビーフ、趣向をこらした魚介料理、肉のアントレ3品とともに出されているが、それ以外では、豚肉が主役になっている献立はまったくない。それでもディケンズ夫人はしばしば豚肉の添え料理を、とくに8～20人のディナーで28品にのぼる料理を補うために出している。こうした添え料理は、マカロニとベーコン、ベーコン入り羊肉のミンチ、冷製ハム、子牛肉とハムのパテ、豚のあご肉のエンドウ豆添え、ブラウンシュヴァイクソーセージなどとともに、家族とのディナーでメインの肉料理になることもある。

フランスを訪れた際、ディケンズ夫人はパリのレストランでトリュフを詰めた豚の足を知り、1854年にこの料理を自分の献立に加えている。彼女はハムの質にはとてもうるさかった。家族で休暇中だったある日、ディケンズ夫人はロンドンにハムを注文した。それは最初の夜のディナーにゆでて食卓にのぼり、翌日の食事には冷めたものが薄切りにして出され、最後は子牛肉と混ぜてパイ皮のカップの詰め物に使われた。

ホワイツ社「ヴィクトリア」ブランドのブレックファストベーコン＆ハムの広告。1899年。

昔は、ベーコンの大きなかたまりはメインの肉料理として、ゆでたあとマスタードを添えて熱々のままか、または冷めたものが出されていた。今日イギリスではほとんどの場合、ベーコンは薄切りにして焼き、朝食に出される。ベーコンやソーセージは、ボリュームたっぷりのイギリス式朝食の標準的な食材だ。過去何世紀ものあいだそうだったように、燻製豚肉は生の豚肉よりはるかに多く目にする。パリパリに焼けた皮とアップルソースを添えたローストポークはいまも典型的なイギリス料理だが、ローストビーフやローストラムも以前に増して食べられている。ランカシャー州のある現代的なグルメパブでは、豚の足の骨を抜いて特徴的なソースで味つけした角切り肉を詰め、それに濃厚なソースをたっぷりかけた料理を出している。

●フランスの豚肉料理

フランス人もやはり、晩餐会のメイン料理にほかの肉より豚肉を使うことはあまりない。それは、生の豚肉が高級フランス料理では重要視されていないからだ。オーギュスト・エスコフィエは『エスコフィエ フランス料理』（1903年）［角田明訳、柴田書店］の中で、「生豚肉の大切り身は、プロの厨房よりも家庭やブルジョアの調理室で使われることが多い」と書いている。実際「そのハムの料理的価値がなければ」、豚肉は古代ギリシア・ローマ時代の調理室で使われることはほとんどなかっただろう。「バイヨンヌハムであれ、ヨークハムであれ、プラハハム、ヴェストファーレンハムであれ……ハムだけが貴重な食材になる」[12]。エスコフィエは豚肉とハムのレシピ１０６種に対し、３０６種の牛肉のレシピを紹介している。

それでも、チャイルド、ベルトレ、ベックによる現代の20世紀後半の代表的料理書『フランス料理の技をマスターする *Mastering the Art of French Cooking*』（１９７０年）には、ローストポークとローストチョップのレシピがいくつか載っており、手のこんだ中世のレシピにくらべるとほんの少し見劣りする乳飲み子豚のローストのほか、クックドハムを使った創造的な料理がならんでいる。

後者のひとつはモルヴァン風ハムの蒸し煮で、これはソテーしたニンジンとタマネギをキャセロールに入れ、その上にハムの薄切りをのせ、ハーブ、香辛料、白ワイン、ストックを加えて、低温のオーブンで2時間蒸し煮するものだ。仕上げに粉砂糖をふりかけ、高温のオーブンで照りをつける。添えるソースは別に煮汁を煮詰め、マッシュルーム、シャロット、マデイラ、クリームを加え、5分煮る。

フランス料理は、豚肉を最大限に利用してほかの料理の味を高める。塩漬け豚肉やハム、

カミーユ・ピサロ「豚肉屋」。1883年。油彩、カンヴァス。

ベーコンは、キャベツや野菜のスープ、トマトソース、キッシュ［総菜パイの一種］、グラタン、ローストチキンのキャセロール、ビーフシチュー、赤キャベツのザウアークラウト［酢漬けキャベツ］などの味つけに使われる。挽いたハムや豚肉は詰め物の材料として、牛肉のルラード［薄切り肉で詰め物を巻いた料理］や、骨を抜いた子羊の肩肉または子牛肉のローストなどに利用される。

フランス人もご多分にもれず、早くから少しの豚肉が豆料理をぐんとおいしくすることを知っていた。アルザス風ポテは経済的な料理で、脂身の少ない塩漬け豚肉か豚肩ロース肉の燻製をたった1ポンド（約450グラム）と、たっぷりの野菜——乾燥白インゲン豆2カップ、タマネギ2個、キャベツ1玉、カリフラワー1個、エンドウ豆とサヤインゲン各2カップ、セロリ1株、ニンジン3本、ジャガイモ3個——を使ってつくる。

カスレはポークビーンズに似ているが、はるかに手がこんでいる。チャイルドのレシピでは、次のように説明されている。白インゲン豆をフレッシュベーコン［塩漬け後、燻煙される前のベーコン］、タマネギ、ゆでた豚の皮、ハーブといっしょに煮る。骨を抜いた羊肩肉の厚切り、砕いた羊の骨、タマネギを豚の背脂できつね色になるまで炒め、そこにニンニク、トマト、ハーブ、白ワイン、ストックを加え1時間半煮る。煮えたら骨をとりだす。先ほどの白インゲン豆の煮込みの半量をキャセロールの底にしき、その上に羊肉の厚切り、ベー

ガチョウ肉、ポークソーセージ、インゲン豆のカスレ

コン、豚ロース肉のローストの厚切り、こんがり焼いたソーセージのパテを順に重ねていき、最後に豆の煮込みの残りとソーセージのパテをのせる。肉と豆から出た煮汁をキャセロールに注ぎ、パン粉とパセリを散らしたら、その上に豚肉をローストする際に出た脂をかける。これを中温のオーブンで1時間焼く。そのあいだ、焼けて堅くなった表面を定期的に割って、料理に混ぜこむ。

ジェイン・グリグソンのレシピはさらにいっそう凝っている。2種類のソーセージが豆の煮込みに加えられ、豚肉とガチョウ肉のラグー（豚肩肉の薄切り、塩漬けガチョウ肉をタマネギ、トマト、ストック、調味料で煮こんだもの）をキャセロールに入れる。

生の豚の背脂はパテに欠かせないもので、肉が乾燥したり生焼けになったりするのを防ぐ。伝統的な豚レバーのテリーヌは、いうなればレバーヴルストの豪華版で、つくり方は次のとおり。まず、パテ型の内側に豚背脂のシートをしきこむ。背脂、レバー、米のピューレ、卵、調味料を混ぜてすりつぶし、パテ型に詰める。その上に背脂をのせアルミホイルをかぶせたら、水をはった鍋に入れ、オーブンで1時間半湯せんで焼く。フランスには膨大な種類の食肉加工品があり、豚肉はソーセージ、ハム、パテ、テリーヌの主要な、またはぜったいに欠かせない材料である。

パテ・ド・カンパーニュ（田舎風パテ）

◉その他ヨーロッパの豚肉料理

ドイツにはさらに多くのソーセージがあり、ディナーのメイン料理はたいてい豚肉の大切り身と決まっている。カスラーリッペンシュペーアは骨つき豚ばら肉のローストで、ワインとサワークリームが入った濃厚なグレービーをかけ、ザウアークラウトとマッシュポテトを添える。アイスバインは豚すね肉の蒸し煮で、エンドウ豆のプディングとジャガイモをつけ合わせることが多い。シュヴァイネプフェッファーは濃く味つけした豚のラグーで、豚の血液でとろみをつける。これはほんの数例にすぎない。

豚肉とザウアークラウトの組み合わせは中央ヨーロッパ全域におよんでいる。ダンプリング［ゆでだんご］とザウアークラウトを添えたローストポークはチェコの伝統的な料理で、ハンガリーのセーケイグヤーシュは、豚肩肉とキェウバサ［ポーランドの燻製ソーセージ］にザウアークラウト、ピーマン、パプリカ、ほかの調味料を加えてじっくり煮こんだもので、仕上げにサワークリームを入れる。スロヴァキアの郷土料理は、イタリアのニョッキに似たダンプリングにやわらかい羊のチーズとベーコンの脂身の細切りをのせたもの。スロヴァキアではジャガイモのパンケーキに、豚肉とトウガラシを混ぜたディアボルスカソテ（悪魔のソテー）を詰める。

クロアチアの燻製小屋で製造された干し肉

豚肉のミートボールと皮をパリパリに焼いたローストポークはデンマークの伝統的な料理だ。南ヨーロッパでは、イタリア人はキャベツと塩漬け豚肉、ソーセージを煮こんだり、白インゲン豆にドライソーセージと、豚背脂でソテーしたパセリを加えて煮こんだりする。

スペインの伝統的な煮込み料理コシードは、牛の舌、子牛肉、めんどり肉、ひよこ豆、ソラマメ、ジャガイモ、野菜に加え、塩漬けした豚のさまざまな部位（頭、肩肉のハム、背骨肉、尾、骨つきばら肉、鼻、耳、足、ばら肉のベーコンなど）や、チョリソー、ラードを材料とし、これらをすべていっしょに何時間も煮こむ。ユダヤ人とムーア人［アフリカ北西部のイスラム教徒。8世紀にスペインを侵略・征服し、15世紀まで支配］が豚肉を食べられないという事実が、キリスト教徒スペイン人にとって豚肉をいっそう魅力的なものにしたようだ。

ドイツ、デンマーク、ポーランド、オーストリアは、ひとり当たりの豚肉の年間消費量が世界でもっとも多い。アメリカ農務省の2006年のデータによれば、EU（欧州連合）ではひとり当たりの豚肉の年間消費量は43・9キロで、中国は40キロ、アメリカは29キロである。

第4章◉新大陸の豚肉

◉入植者たち

初期のスペイン人探検家が豚を南北アメリカ大陸にもちこみ、カリブ族からはじめて豚のすぐれた調理法——バーベキュー（おそらくタイノ語の barabicu に由来）——を教わった。それは、直火の煙で肉を加熱するというものだった。バーベキューは、炭火の火ではなく煙を利用して肉にじっくり火を通す。火は、肉がぱさつくことなく調理できるくらい熱くなければならない。この調理法は、とくに豚のジューシーな肉に適していた。

アメリカ南東部の農村地域でいまも行なわれている伝統的なバーベキューでは、地面に掘った穴か、幅広の浅い容器にラックをわたし、その上に皮をはいで下ごしらえした豚をまるごと1頭おく。広葉樹の木炭をたえずスコップで肉の下に入れ、ソースや肉汁をかけずに8～15時間焼く。肉が骨からはがれ落ちそうになったら、細かく引き裂いて供する。都市部では、肩肉や骨つきばら肉のような切り身のほうが一般的だ。

バーベキューは家でもできる。豚の骨抜きロース肉を非常に高温のオーブンで15分焼いたら、次にごく低温のオーブンで5時間焼き、そのあと焼き網にのせ、湿らせたウッドチップで10分燻煙する。豚肉はノースカロライナ州、ミシシッピー州、アラバマ州、テネシー州でバーベキューに使われ、いっぽうオクラホマ州、ミズーリ州、カンザス州、テキサス州では牛肉が使われる。伝統的に、焼きあがった肉には酢と赤トウガラシが入った辛くとろみのないソースをかけるが、ケチャップをベースにしたソースもよく利用される。バーベキューにコールスロー［キャベツのサラダ］をのせ、バン［丸パン］にはさんで食べることもある。

ヨーロッパからの入植者は当然、豚と豚料理のレシピをもってやってきたが、レシピは新大陸［ヨーロッパ人にとっての新しい大陸。新世界。狭義には南北アメリカ大陸を指し、広義にはオーストラリア等をふくむ］の食材に合わせて手直しすることが多かった。

たとえばスクラップルは、豚をつぶしたときに出る細切れ肉に穀物を混ぜてつくるドイツの伝統的なソーセージの一種を、ペンシルベニアダッチ［17～18世紀にペンシルベニア州に移住したドイツ人の子孫」がアレンジしたもので、アメリカの穀物であるコーンミールを使う。つくり方はまず、豚の細切れ肉をくずれるまで煮たら、コーンミールを少しずつ加えて粥の固さになるまで練る。それに塩、コショウ、セージで味をつけ、パンを焼くための四角い金属（あるいは耐熱ガラス）製容器に注いで冷やし固める。薄く切り、軽く焼けばできあがりだ。

当初、アメリカの豚は地元の森を自由に走りまわってえさをあさっていたので、ほとんどただで飼育することができた。豚は元気いっぱいで、どんどん繁殖した。アメリカ植民地の官吏で歴史家のロバート・ベヴァリーも1705年にこういっている。「豚は自分が気に入った場所を走り、森で勝手にえさを見つけ、飼い主にいっさい面倒をかけることがない[1]」。開拓中であったため、豚はヨーロッパのほとんどの地域よりずっとあとまで、アメリカの田舎で放し飼いにできた。おまけに法的規制もゆるやかだったので、豚は19世紀になるまで、ニューヨーク、ボストン、フィラデルフィアの通りをうろついていた。ニューヨークがついに豚を通りから締めだすと、主婦たちは抗議の声をあげた。

もちろん、農家の多くは豚を囲いに閉じこめたが、ヨーロッパの農家と同様に、乳製品の副産物の乳清《ホエー》や、キャベツやカブの葉、風で落ちたリンゴのような残りもので飼育できた。さらにまもなく、アメリカの主要農作物のトウモロコシが豚を太らせるのにうってつけであることが明らかになった。トウモロコシと大豆は今日、豚の流通飼料の基本成分である。実際、豚はアメリカで1年間に生産される膨大な量のトウモロコシの約半分を食べている。くわえて、豚肉は保存加工が比較的簡単で、冷蔵しなくても保存することが可能だった。ハムとベーコンは1年もち、豚肉の切り身は塩水の入った樽に漬けておけば、半年から1年保存することができた。

●『大きな森の小さな家』——アメリカの養豚業

豚はしだいに囲いに閉じこめてできあいの飼料で育てられるようになり、アメリカの養豚業は中西部のコーンベルト［世界最大のトウモロコシ栽培地帯］に集中していった。オハイオ州のシンシナティは「15ブッシェル（約530リットル）のトウモロコシを豚に詰めこみ、豚肉を樽に詰めこみ、樽を列車や平底船に詰めこむ[2]」ことで有名になった。

のちに、鉄道が貨物の主要輸送手段になると、豚加工の中心はシカゴになった。氷を入れた冷蔵箱に続いて冷蔵庫が普及し、冷凍貨車が開発されると、多くの人々が一年を通じて生の豚肉を食べられるようになった。現在、アメリカの豚の大半がアイオワ州など中西部の州で飼育されているが、ある独創的な起業家がノースカロライナ州東部の、ほかにこれといっ

アメリカ中西部のコンテストで入賞した豚。1923年。

インディアナ州のおじの農場を訪れたジェームズ・ディーン。1955年2月。

た産業のない地方で集約化・工業化された養豚業を展開している。

ローラ・インガルス・ワイルダーは著書『大きな森の小さな家』〔恩地三保子訳、福音館書店〕に、ウィスコンシン州境の裕福な農家が豚をどのように飼育していたかを書いている。

はじめ豚は「『大きな森』を、気ままに走りまわって、ドングリだのクルミだの木の根だのを食べていたのでした」。冬が来て、とうさんが豚を「つかまえてからは、丸太でつくった囲いにとじこめて、ふとらせているのです。寒さがきびしくなり、ブタ肉を冷凍できるほどになるとすぐ、とうさんは、そのブタを殺すはずになっていました」。とうさんはヘンリーおじさんに手伝ってもらって豚を殺すが、その前に大鍋でお湯をわかした。幼いローラは豚の悲鳴を聞くのがいやだったが――とうさんは、手早く済ませるから豚は痛くもなんともないんだよといって娘を安心させていた――「そのあとのいろいろの作業は、とびきりおもしろいのです。……骨つき肉《スペアー・リブ》のごちそうがあるでしょうし、とうさんは、ローラとメアリイに、ブタの膀胱としっぽをくれるやくそくをしていました」。豚が死ぬと、とうさんとヘンリーおじさんはお湯で洗い、ナイフで硬い毛をこそげ、内臓をとると吊るして冷ました。

それからふたりは豚を切り分けた。「ハムにするもも肉、肩肉、脇腹肉、肋骨肉、腹肉……心臓と肝臓と舌と……頭肉《かしらにく》、それからソーセージにする小さい肉が平鍋一ぱい分」。どのかたまりにも塩がふられ、もも肉と肩肉は塩水に漬けたあと燻製にすることになっていた。

とうさんは豚の膀胱をふくらませ、娘たちのおもちゃにした。それから特別なごちそうとして、姉妹は豚のしっぽを焼いて食べた。

かあさんはそれから2日間、豚肉の処理に大忙しだった。豚の脂肪を溶かしてラードをとり、クラックリング（アメリカでは、脂肪を溶かしたあとに残るカリカリした残りかすをいう）をすくいとる。これはあとからジョニーケーキ［トウモロコシ粉と水または牛乳でつくったパンケーキ］の味つけに使われる。つづいてヘッドチーズづくり。肉が骨からはがれ落ちるまで頭をゆで、肉を細かくきざんだら塩と香辛料で味つけし、煮汁を混ぜる。それを鍋に入れて冷やし固め、薄切りにしたらできあがりだ。かあさんは次に肉と脂身のはんぱな切れ端をきざみ、塩、コショウ、セージで味つけしてよく混ぜる。これをボールのように丸めたら、納屋においてを凍らせる。こうすれば、冬の間中食べられるのだった。「ブタのしまつの大仕事がすむと、ソーセージ、頭肉《かしらにく》チーズ、大鉢いっぱいのラード、塩づけの白身のブタ肉のたるが納屋にならび、屋根裏部屋には、いぶしたもも肉と肩肉がさがっていました(3)」

◉バレルポーク

当然ながら、飼っている豚でつくったハムを食べられるこの家族は裕福だといえるだろう。

ほかの家族は新鮮な豚肉やハムを売らなければならなかった。保存加工された豚肉のもっとも一般的なものは、イギリスのようにベーコンではなく、もっと簡単につくれるバレルポーク、すなわち、塩水の入った樽（バレル）に漬けた豚肉の大切り身だった。これは貧乏人や中流階級の人々にとってだけでなく、独立戦争から南北戦争を通じ、軍隊にとってもおなじみの食肉加工品だった。

1812年戦争（米英戦争）では、「アンクル・サム」・ウィルソンと呼ばれるニューヨークの精肉納入業者が大量の豚肉をアメリカ兵に支給した。このことからアンクル・サムはアメリカ政府全体を象徴するようになり、漫画では「アンクル・サムが軍隊を養っている」と書かれた横断幕のもと、シルクハットをかぶった巨大な人物として描かれた。部位ごとに樽詰めされた豚肉には等級がつけられ、大型豚の脇腹肉だけが入った樽から、頭や足などあらゆる部位がはいった樽まであった。裕福な労働者階級の家庭は比較的よい肉を買い、奴隷はいちばん低い等級のものを買った。

バレルポークがかつて珍重されていたことは、「樽の底をこすりとる（最後の手段を使うの意）」や「ポークバレル法案」といった慣用句にいまも残っている。後者は、特定の選挙区民にだけ利益のある事業への助成金を獲得するための法案をいう。かつてアメリカの農園主が奴隷に樽詰めの塩漬け豚肉を配っていたことに由来するようだ。

バレルポークの味は、上手につくったベーコンより劣っていたにちがいない。前述したジャーナリストのウィリアム・コベットは、豚肉は塩漬けの際に水気をよく切らなければならないといい、だから塩水に浸したままにしておけば「バレルポークと海のごみが混じったような、これほどひどいものはないという味になる」と断言している。[4]

しかしアメリカ人の多くはバレルポークをおいしく食べていた。ジェームズ・フェニモア・クーパーの小説『鎖を運ぶ人 *The Chainbearer*』（１８４５年）に登場する開拓前線地帯の主婦は、バレルポークは人並みの生活水準のめやすだと考えている。パンとジャガイモは食べられて当たり前だが、「母親が豚肉樽の底を目にしているなら、その家族は絶望的な状況にあるだろう。国中のあらゆる鳥獣肉なんかより、おいしくて健康な豚肉で子供を育てたいんだよ……豚肉は生命の糧だから[5]」。

やって来たばかりの入植者はこれほど熱がこもっていなかった。アイオワ州に入植したあるノルウェー人女性は１８５４年の日記にこう記している。「コーヒー、パンとバター、ピクルス、そしてときどきジャガイモと揚げタマネギが添えられる「ここの料理は、ゆで豚肉から揚げ豚肉までいろいろあるが、おいしいものはめったにない」「これが朝、昼、晩の私たちの食事なのだ……そうだ、故郷の新ジャガとサバがまだあった！[6]」。１８５０年代にケンタッキー州からテキサス州までを旅したアメリカの造園家フレデリック・ロー・オルムス

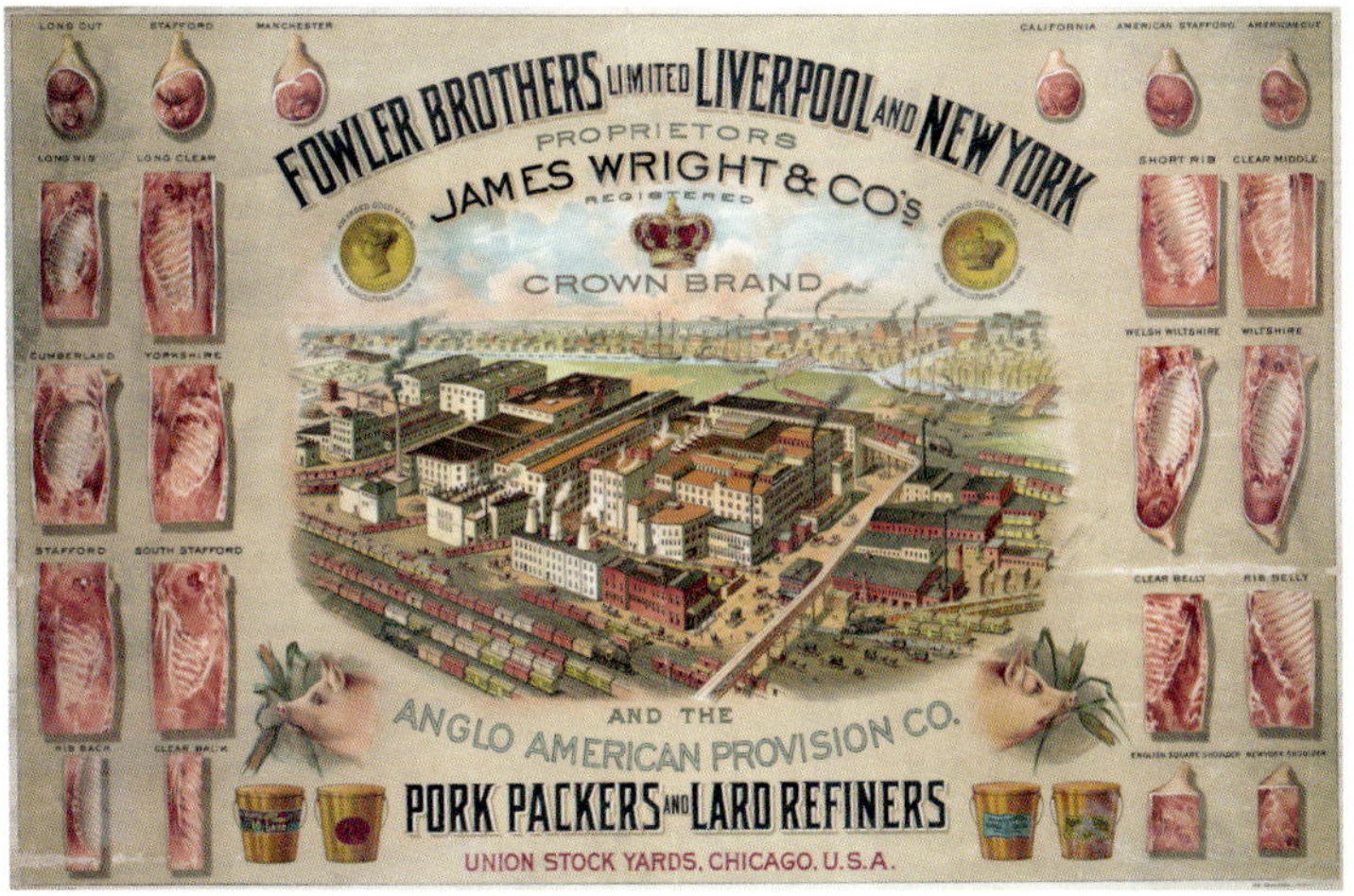

ファウラーブラザーズ社の豚肉包装機とラード精製機の宣伝ポスター。19世紀後期。

テッドは出発にあたって、塩漬け豚肉とトウモロコシパンを喜んで食べた。というのも、以後6か月間「それ以外は何も(7)」食べられないことがわかっていなかったからだ。

◉失われていったもの

裕福な人々はもちろん、とくに19世紀なかばにかけて冷蔵が可能になると、ほかの肉に加え生の豚肉やハムを食べることができた。しかし南部と西部の孤立したコミュニティでは、あいかわらず伝統的な食生活が続いていた。アメリカの歴史家ヘンリー・アダムズはこう書いている。「トウモロコシは国の主要作物で、塩漬け豚肉と同じく、形を変えて日に三度食べられた(8)」。ブルーリッジ山脈のあるコミュニティの

1929年の食事を見ると、食べ物がもっとも豊富な夏の終わりでさえ、朝食は焼いた豚の背脂、トウモロコシパン、煮詰めたグレービー、ディナーはオートミール、トウモロコシパン、ビスケット［イギリスのスコーンに似た小型の丸い焼きパン］、保存食品、コーヒー、夕食は背脂、トウモロコシパン、牛乳（ときどき）、コーヒーだった。

アメリカ人は一般にあらゆる階層において、ヨーロッパ人よりも肉を食べており、豚肉は20世紀に入るまでアメリカでもっとも広く消費されていただけでなく、アメリカ人の大好物でもあった。イギリスの海軍士官で海洋小説家のフレデリック・マリアットは、アメリカで流通する豚肉の豊富さに舌を巻いた。1830年代の7月4日にニューヨークを訪れたマリアットは、長さ約5キロにわたってローストポークを売る屋台がずらりとならんだブロードウェーについて書いている。アメリカでは、ほかのどの都市や村でも同じような光景が見られた。

豚肉はどんどん調理に手間がかからなくなっていった。カントリーハムは塩抜きし、じっくり煮てから丹念に皮をとり除かなければならなかったが、クックドハムならオーブンに入れて温めるだけでいい。また脂肪の多い1・8～4・5キロもある厚切りのベーコンに代わり、きれいにパックされた薄切りベーコンが1915年にはじめて販売された。ラードは1911年に発売された植物油系ショートニング、クリスコにとって代わられた。プロ

アメリカ式のカリカリに焼いたベーコン

クター・アンド・ギャンブル社はアメリカの主婦に、クリスコに味がないことがじつはメリットなのだとたくみに納得させた。若い女性は「育ち盛りの体にエネルギーを補給する脂肪は、もっとも純粋かつ魅力的な形で、消化が悪いよりはよいもの[9]」であるほうを好むようになった。

しかし——何かが失われてしまった。ベーコンとハムは以前ほどおいしくなくなった。カントリーハムの1904年のレシピでは、塩抜きし、酢と香辛料で煮たあと、酢、マスタード、パン粉、砂糖、クローヴ（丁子）、干しブドウ、シェリー酒を混ぜたものを塗って焼くのに対し、1939年のクックドハムのレシピでは、缶詰のパイナップル、マラスキーノ酒漬けサクランボをのせ、ブラウン

スパム。この豚肩肉のローフは焼くと美味。ファンはスパムを華麗な料理に変身させる。

シュガーをたっぷりかけて、オーブンで加熱する。一般に、アメリカ人は豚肉をかなり甘く味つけする傾向がある。極端な例はインディアナ州のポークケーキで、これは新鮮な豚背脂のミンチ、干しブドウ、ナツメヤシ、シトロン、小麦粉、香辛料、それにたっぷりの糖蜜とブラウンシュガーでつくる。

●スパム――缶に入った豚肉

お手軽な豚肉の最たるものがスパムだろう。塩漬けした豚肉と脂肪を加熱処理し、きれいな長方形に成形したものので、いつでも好きなときに缶からとりだし、薄切りにして食べることができる。ホーメル・ミートパッキング・カンパニーはかねてから豚もも肉の缶詰を売っていたが、肩肉は市場に出すことができなかった。だが1937年、当時の社長のジェイ・ホーメルが肩肉ともも肉を手頃な大きさの缶にいっしょに詰めることを思いついた。「スパイスドハム」という商品名はまもなく、もっとインパクトのある「スパム」と名付けられた。

スパムは安価で輸送がしやすかったうえ、長期保存が可能だったことから、第二次世界大戦で真価を発揮することになった。そして兵士を養うだけでなく、他国への支援物資として海外にも出荷された。1944年には、ホーメル社のスパムの90パーセントが、アメリカ兵——毎日2回は食べていたはずだ——と海外の一般市民に送られていた。スパムはイタリアとイギリスでも重宝された。そしてもっともなことだが、肉をまったく買えないか、あるいは標準以下の肉しか買えない人々にとって、スパムは天からの贈り物だったにちがいない。彼らが買える食肉の多くは、油で焼いたスパムの薄切りよりはるかにまずい。

旧ソ連の元最高指導者ニキータ・フルシチョフは、スパムは「うまい」と評し、「スパムがなければ、わが国の軍隊を養うことはできなかっただろう」と書いている。アメリカ兵はそこまで感謝しておらず、スパムを「身体検査を通らなかったハム」とか「基礎訓練を受けていないミートローフ」(10)と呼んでいた。それでもアメリカ兵は軍隊でスパムの味に慣れ親しむようになり、その多くがしだいに好むようになっていった。

スパムの売り上げは第二次大戦後も増加した。現在の売り上げは30〜40年前ほど好調ではないものの、いまなお堅調だ。スパムは忠実なファンを獲得したというわけだ。スパムは現在10種類あり、健康に配慮したもの（脂肪分をカットしたスパムライト、減塩スパム）や、ちょっと変わった味のもの（ヒッコリー燻製スパム、ピリ辛味のスパムホット&スパイシー）などもある。

スパムはハワイでも好まれ、日本食の影響を受けた料理にとり入れられている。ラーメンや弁当はもちろん、スパムむすび——焼いたスパムの薄切りをごはんにのせ、のりで巻いたもの——もまた、人気のテイクアウト料理だ。第二次大戦中アメリカ軍が駐留していたグアム島では、スパムのひとり当たりの年間消費量は3・6キロである。

ハワイの有名シェフでレストランの店主でもあるサム・チョイは、自信作のパイナップル・スパムを考案している。これはスパムとパイナップルの角切りを、しょう油、ショウガの薄切り、たっぷりのブラウンシュガーで煮こんだ一品だ。ホーメル社はスパム料理のレシピを紹介しているが、その中でもっともすばらしいのが、ベークドハムのようにクローヴを刺し、ブラウンシュガーグレーズをかけたスパムである。同社はさらに、アメリカの主婦からスパムレシピの新しいアイデアを募集している。

そうしたレシピのひとつ、プランクド・スパムは、スパムを板（プランク）の上にのせて焼いたもので、縁をマッシュポテトで飾り、半分に切ってグリルで焼いたトマトとパセリを添える。スパム＆ヤム・フィエスタローフは、まず、薄切りにしたスパムのあいだにつぶして味つけした缶詰のサツマイモをはさみ、まわりを缶詰のモモの薄切りで飾る。それにマスタードをピリッときかせたモモのジュースをふりかけ、30分焼いたらできあがりだ。

スパムのウェブサイトには現在、前菜にぴったりのトルタルシカ（パイ生地シートの上に、ローストペッパーとイタリアンシーズニングで味つけしたスパムの薄切り、チーズ、ホウレンソウを重ね、パイ生地シートをかぶせて焼いたもの）や、スパムフィデオ（こんがり焼いたスパムの角切りを、フィデオパスタ［細いパスタ］、缶詰のエンドウ豆、トウモロコシと和《あ》えたもの）などの入賞投稿レシピが公開されている。

◉アメリカ最高のハム

当初から、豚はアメリカ南部諸州でとりわけよく生育した。この地域は冬の寒さがきびしくなかったので、豚は一年中外でえさをあさることができた。そのため、豚肉は南部料理において特別な位置を占めている。生の豚肉は冬にしか手に入らなかったが、豚肉は保存加工してもおいしく、ラードもバターより日持ちがする。

アメリカ最高のハムは、南部の、とくにヴァージニア州スミスフィールド付近でつくられている。そこではかつて、豚を夏のあいだ森に放し飼いにして木の実や根を食べさせ、秋には収穫後のピーナツ畑に放して採り残しを食べさせていた。そして最後は囲いに閉じこめて、屠畜するときまでトウモロコシを与えていた。豚はもう放し飼いにされていないが、ハムはいまも変わらず伝統的な製法でつくられている。もも肉に塩、硝石、場合によっては砂糖やコショウをすりこみ、冷暗所で4週間寝かせる。洗ってから網袋に入れて吊るし、6か月から数年かけて熟成させる。熟成庫にヒッコリーなどの硬材の煙を漂わせることもある。ヴァージニアハムは非常に貴重なものだったので、開拓初期のある植民地総督は自家製ハムを祖国の兄弟のほか、イギリスの3人の主教に送っていたという。またイギリスのヴィクトリア女王はヴァージニアハムを定期購入していた。

このハムは水にひと晩浸けて塩抜きし、表面のカビをこすりとったあと、約5時間煮なければならない。加熱後はグレーズをかけて焼いたり、薄く切って揚げたりして食べる。あるいはハムの薄切りをたっぷりの脂で焼き色がつくまで焼き、フライパンに残った肉汁を沸騰させたブラックコーヒーで煮溶かしてつくったレッドアイグレービーをかけることもある。「ハムビスケット」は、カントリーハムの薄切りを、チャツネ、マスタードといっしょにアメリカ式ビスケットにはさんだ小ぶりのサンドイッチで、南部ではおなじみのパーティー料

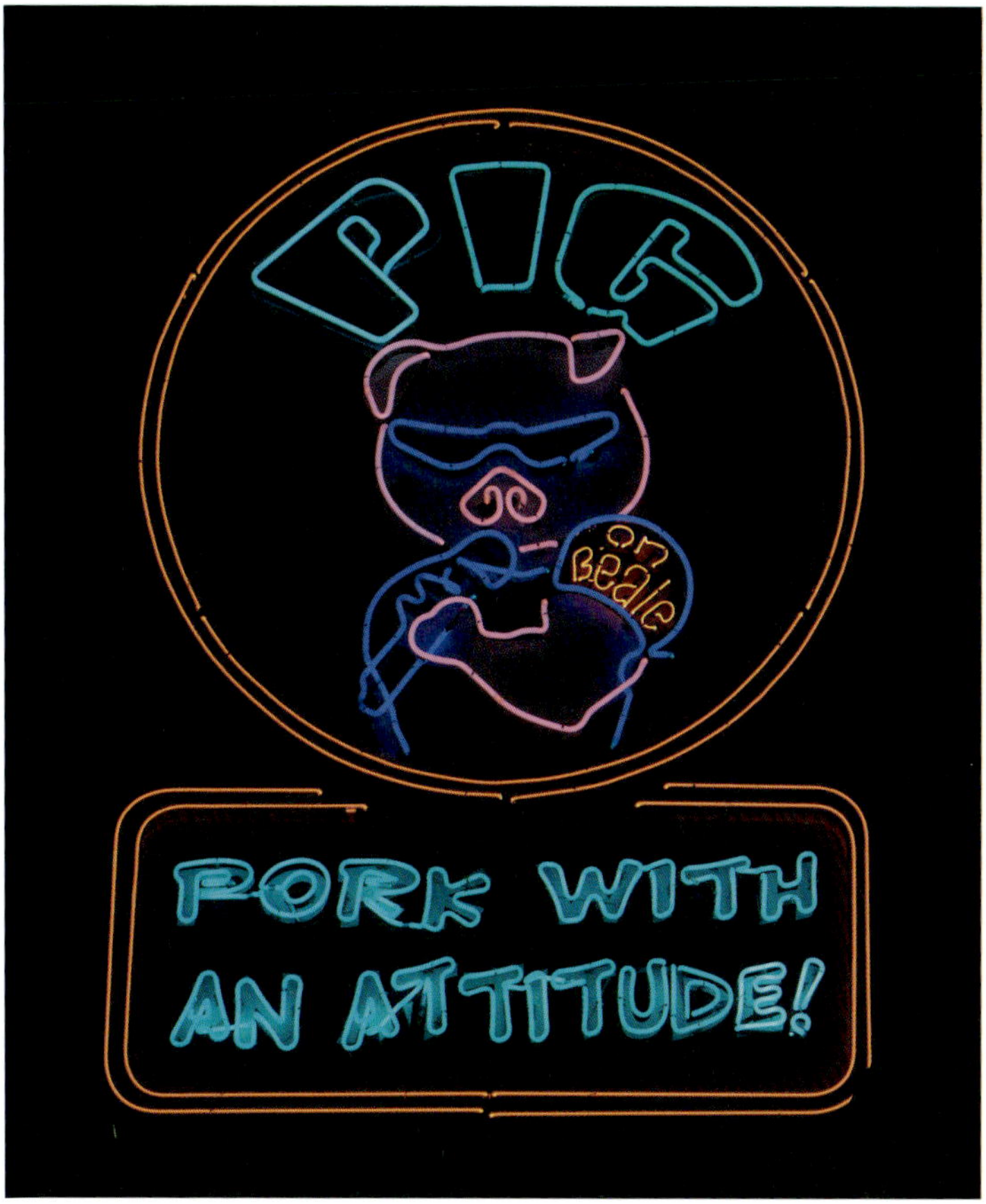

豚のネオンサイン。テネシー州メンフィス、ビールストリート。

理だ。

◉奴隷と豚肉

元奴隷で奴隷制度運動家のフレデリック・ダグラス・オーピーはこういっている。南部の白人が「裕福に暮らす（living high on the hog）いっぽうで、黒人は質素に暮らしていたが、どちらも同じ豚を食べていた……豚は……トウモロコシで飼育されていた」[11]（裕福に暮らすことを意味する「living high on the hog」という表現もまた、アメリカ文化において豚〈hog〉の肉が特別な存在であることを暗に示している。豚肉のもっとも望ましい部位――ロース〈腰肉〉、テンダーロイン〈ヒレ肉〉、もも肉――は、豚の体の上部からとれ、それに対し下部からは、スペアリブ〈骨つきばら肉〉や、もともとは安価な切り身のベーコンや塩漬け豚肉、足などがとれる）。

奴隷は毎日、その日１日分の塩漬け豚肉を与えられていたが、なかには自分の小さな土地で豚を飼育できる者もいた。１８３０年代のアラバマ州の比較的気前のよい農園主は、奴隷ひとりにつき毎週ベーコンを４ポンド（約１・８キロ）、コーンミール１ペック（９リットルに相当）、糖蜜１パイント（約０・47リットル）、塩漬け魚３匹、手に入る場合は新鮮な生肉、それに野菜をほしいだけ与えた（糖蜜は塩漬け豚肉の塩辛さをやわらげるので喜ばれた)。

豚をつぶしたときは、奴隷はあまり価値のない部位をもらったが、それを最大限に利用する方法を知っていた。豚の口、足、ほお肉、すね肉、首の骨は、ササゲ、サツマイモ、コラード[ケールの1変種]やカブの若葉、トウモロコシパンの味つけに使われた。チトリンズ[豚の小腸]は揚げ、揚げた塩漬け豚肉にはクリームグレービーをかけてしっとりさせた。コーンミールは水を混ぜてグルドドル[円形の鉄板]で焼き、塩漬け豚肉の薄切りはカリカリになるまで焼き、溶けでた脂肪に糖蜜を加えていっしょに食べた。あるいはラードをつくるときに出るクラックリングにコーンミール、塩、重曹、バターミルクを混ぜ、こんがり焼いてクラックリングブレッドをつくることもあった。南北アメリカではクラックリングはふつう、イギリスのようにローストポークの焦げた皮ではなく、豚の脂肪からラードをとったあとの残りかすをいう。

メリーランド州の名物でイースター(復活祭)によくつくられるスタッフドハムは、もともと奴隷があまり価値のない豚の頭をなんとか食べようと考えだしたものだった。頭に15~20の深い切り込みを入れ、そこにケール、キャベツ、ホウレンソウ、ワケギ、コショウを詰める。甘みのある豚肉とピリッとする野菜の組み合わせは絶品だったので、比較的暮らし向きのよい人々もこのアイデアをとり入れ、頭の代わりにハムを使ったのだった。最初にハムを水に浸して塩抜きし、1時間ほど煮る。皮と脂肪を切りとり、切り込みを入れて具を詰め、全体をチーズクロス［目の粗い綿ガーゼ］できっちり包んで3～4時間煮る。できあがったハムは薄切りにして、室温で食べる。

1940年、キャサリン・パーマーはノースカロライナ州から、「チトリン（チトリンズ）ストラット」と呼ばれるアフリカ系アメリカ人の資金集めの祭りについてこう報告している。メヒタブル&ドーク・ドーシー夫妻は、秋の終わりに豚をつぶし、チトリンズを塩水に漬けると、地元の黒人に口コミで祭りのことを知らせる。すると黒人たちがめかしこんでやってきて、戸口でドークに25セントずつ渡すという。メヒタブルは次のように手間ひまかけて下ごしらえをし、チトリンズを調理した。

チトリンズは徹底的にきれいにすること……それにはとても手間がかかる。豚をつぶしたら、毛をこそげて、チトリンズをとり出し、両手で力いっぱいしぼって汚れをとる。それを2回水洗いする。洗い終えたら縦に切り開き、さらに2回洗い、なまくらな包丁でしっかり汚れをこそげ落とす。そのあとさらに2回水洗いして、ようやく塩水に漬けられるようになる。2日間漬けたら……3時間煮る……さらに塩水に漬けたあと再びしっかりすすぎ、10センチくらいに切ってコーンミールをまぶし、脂肪がミディアムになるように揚げる。豚のラードは最高においしい……（カリカリの）きつね色に揚げるのが好きな人もいれば、ミディアムが好きな人もいるし、ただ温めるだけというのが好きな人もいる。(12)

メヒタブルは素材の味を活かすため、調味料をいっさい加えない。たとえば酢のすっぱい味は、チトリンズ本来の味を台無しにしてしまうと考えている。祭りではコールスロー、ピクルス、糖蜜、トウモロコシパン、コーヒーもふるまわれ、ディナーのあとはダンスパーティーが催される。

チトリンズはまた、ゆでて、酢と赤トウガラシのソースをかけて冷やして出したり、バーベキューソースをかけて熱々を食べたりもする。どんなレシピにしても、チトリンズは冷たい流水で時間をかけてていねいに洗うことがぜったいに欠かせない。フードライターのジェーン＆マイケル・スターンは地元名物のチトリンズを購入したが、あまりのひどい匂いにひと口も食べずに車から放り投げなければならなかったそうだ。

腕のいい料理人は手に入る安価な食材でおいしい料理をつくることができる。塩漬け豚肉は料理をとてもおいしくしてくれる。あるアフリカ系アメリカ人の女性はアラバマ州で過ごした子供時代のことをこう回想している。

カブ、マスタード、コラードの葉は、わずかに入った豚すね肉の薄切りできらきら輝き、ササゲとライマメもやはり輝いていた。肉がたくさんついた豚もも肉の骨は、ジャガイモとサヤインゲン、またはトマト、米、トウモロコシ、オクラといっしょに煮こむと、おいしいシチューになった。

とはいえ豚肉を日に三度、それも脂で調理したものばかりを食べるとなると、食傷するし健康にも悪い。たとえば「なつかしのキャビンキャベツ」のレシピを見れば、この料理がどんな代物なのか想像がつく――キャベツを肉のかたまり（すなわち、豚の背脂）といっしょに、「どれがキャベツでどれが肉か見分けがつかなくなるまで[13]」煮るのである。

●ソウルフード

伝統的なアフリカ系アメリカ人の料理は、1960年代と1970年代に黒人が黒人であることに誇りをもつようになると、ソウルフードと呼ばれるようになった。安価な食材を最大限に活用するために考えだされた料理は、黒人文化のきわめて重要な一部になった。黒人はいまや自分たちの食べ物を誇りに思い、ソウルフードの料理本を書いて、白人にもつくってみようと思わせている。

おそらくソウルフードの唯一最大の特色は、豚肉をそのまま食べるだけでなく、野菜や揚げた魚、鶏肉の味つけなど広範囲に使用することだろう。豚肉と野菜の煮出し汁「ポットリカー」は、トウモロコシパンとセットでスープのようによく飲まれている。現代のアフリカ系アメリカ人の中には、健康への影響から（同様に、アメリカの黒人イスラム教徒からなる組織、ネーション・オヴ・イスラムの場合も宗教上の理由から）ソウルフードを食べない人々もいるが、ソウルフードは伝統料理というだけでなく、ほんの安い費用で絶品料理をつくれるのだから、高く評価されて当然だろう。

ヨーロッパ人と同じようにあらゆる地域のアメリカ人が、豆料理に不足する栄養を豚肉で補っていた。西インド諸島とアメリカ南部でつくられるホッピンジョンは、ササゲを豚の背脂で煮こみ、半分くらい火が通ったところで玄米を加え、塩、コショウ、タマネギで味つけしたシチューだ。この料理は伝統的に、新年の幸運を願って元日に食べられる。これのニューオーリンズ版はアズキを使い、もっと多くの調味料で味つけする。ホッピンジョンはもともと、日曜日に食べたもも肉の骨に残りものの肉や脂身を加え、いっしょに煮こんだものだった。

ニューオーリンズの有名シェフ、ポール・プルドームはこう説明している。月曜日は、主婦は「豆を入れた鍋を火にかけたら、あとはほとんどほうりっぱなしで、ことこと煮こんでいるあいだに洗濯を済ませることができた。洗濯が終わる頃には、豆はすっかり煮えて食べ頃になっていた」[14]。レストラン評論家のクレイグ・クレイボーンのように、ササゲと豚もも肉の骨にハムステーキ、トマトペースト、チョリソーを加えると、ホッピンジョンもエレガントな料理に変身する。

ハイチのデュリコレは豆の炊き込みご飯で、アズキを米といっしょに煮て、塩漬け豚肉、タマネギ、ワケギ、パセリで味つけする。キューバの「モーロス・イ・クリスティアーノス（ムーア人とキリスト教徒）」は、黒インゲン豆をハムまたは揚げた塩漬け豚肉、調味料、野菜といっしょに煮てソースをつくり、それをごはんの上にかけたもの。「レンテハ・コン・プエルコ」はレンズ豆と豚肉の煮込みで、レンズ豆とこんがり焼いた豚肉の角切りを煮こんで、バナナをつけ合わせる。ブラジルでは奴隷が、支給される黒インゲン豆や干し牛肉、米をもっとおいしく食べようと、野菜や香辛料のほか、豚の舌、耳、足、尾など廃棄される部位を加えて、いまでは郷土料理になっているフェジョアーダを生みだした。

ニューイングランド［米国北東部の6州を合わせた地方］のピューリタン（清教徒）の入植

者は、エンドウ豆や白インゲン豆に塩漬け豚肉を加え、粉末マスタード、塩、糖蜜で味つけして焼いた。この料理は土曜の晩に準備し、オーブンに入れたら朝までほうっておくことができたので、安息日に調理しないで済んだ。ベークドビーンズはいまも変わらず典型的なアメリカ料理である。小さな壺に詰めたインゲン豆の上にカリカリに焼いた豚の背脂のみじん切りを散らした料理は、フィラデルフィアとニューヨークにあったホーン・アンド・ハーダート社のオートマット［完全セルフサービス式のカフェテリア］の人気料理のひとつだった。このカフェテリアはヘルシーで安上がりなアメリカの伝統料理が売りで、1902年から1960年代にかけて繁盛した。

◉新たな偏見

牛は豚より飼育に手間がかかり、以前は牛肉ではなく牛乳を目的に飼われていた。しかし19世紀終わりには、アメリカ西部に大規模な養牛産業が登場し、鉄道が冷凍貨車で牛や牛肉を全国に輸送するようになった。1909年には牛肉製品がはじめて豚肉製品より多くつくられた。

この年の統計では、北部の都市部に住む白人は豚肉より牛肉を多く食べている。南部の都市部の白人はそれぞれ同量を食べ、北部の黒人もほとんど同じだったから、南部の黒人だけが明らかに変わらず豚肉のほうを好んでいたということになる。それと同時に、豚肉は下層階級の人々に結びつけられるようになった。1880年代に、ホームメーカー誌の編集者はこう語っている。豚がどのように生活し、どんなえさを与えられているか見たことのある人なら誰でも「どの部位であれ、豚肉に対する偏見が、この国の上流階級のあいだにますます広がっていることを不思議に思うはずがない[15]」。

メアリー・ヒンマン・エーベルは「中流および下層階級の人々」のために料理書(1890年)を書いているが、安いという点では、豚肉はたしかに貴重だとしぶしぶ認めている[16]。たとえそうだとしてもニューヨーククッキングスクール校長ジュリエット・コーソンは、著書『労働者家庭のための15セントディナー *Fifteen Cent Dinners for Workingmen's Families*』(1877年)と『6人家族のための25セントディナー *Twenty-five Cent Dinners for Families of Six*』(1885年)の中で提案している1週間分のお勧め献立に、思ったほど豚肉を使っていない。

前者の料理書では、ディナーの献立の約半分が豚肉をベースにしたものだが、それに対し、後者のもう少し裕福な人々向けの本では7品中わずか2品だ。コーソンの豚肉レシピ――塩漬け豚肉とキャベツのシチュー、豚の内臓のシチュー(レバー、心臓、肺臓)、豚の脳みそとレバーのプディング――を見れば、魅力的な味にすることよりもいかに安上がりにつくるかに配慮していることがよくわかる。

もうひとりの家政学教師エリザベス・ヒリヤーが『日曜日のディナー52選 *52 Sunday Dinners: A Book of Recipes*』(1915年)で中流階級に勧める豚肉料理はさらに少ない。各週のもっともよいディナーにお勧めの52種の献立のうち、4種だけが豚肉をメインにしたもの——肩肉のロースト、ロース肉のロースト、ベークドハム、豚ヒレ肉のリヨン風ロースト——で、すべて極上肉を使ったロースト料理だった。

ミス・エライザ・レスリーは著書『新しい料理の本 *New Cookery Book*』(1857年)の中で、ハムを除くあらゆる燻製豚肉という意味で、ベーコンは「田舎でならまだしも、料理としては質素すぎる」とはっきり書いている。しかしハムについては「都会はもちろん、ほかのどこでも通用するごちそう[17]」と考えていた。不思議なことに、ハムは新鮮な豚肉より高級とされ、それはおそらく、豚肉はほかの肉より日持ちがしないのではないかと思われていたからだろう。

それでもレスリーの豚肉への軽蔑の念は、豚肉は経済的で、手間をかけて調理するだけの価値があるという実際的な事実をはっきり認識するにつれて薄らいでいった。そしてベークドハムの2種類の供し方にくわえ、豚の最上肉をローストする方法についても伝授している。レスリーはさらに、残りものやソーセージ、豚の足などを使った節約料理のレシピも紹介している。
ボストンクッキングスクールに通い、ついにはその経営者になったファニー・メリット・ファーマーは１８９６年、最初の著書『ボストンクッキングスクールの料理書 *Boston Cooking-School Cook Book*』を出版した。この本は、アメリカのあらゆる料理書の中でもっとも強い影響力をもつロングセラーで、１９９０年には第13回改訂版が出ている（マリオン・カニンガムによる）。科学的調理法の提唱者であるファーマーは豚肉を認めず、豚肉を食べることは不健康な悪癖だという19世紀に一般的だった考えに権威を与えていた。家政学の権威サラ・ジョジーファ・ヘールは「ローストポークをおなかいっぱい食べるのは……無謀なこと」で、胃がとても丈夫な人以外は「胃もたれと吐き気をもよおす」と忠告していたが、それに同調してファーマーもこういっている。生の豚肉はあらゆる肉の中で、

もっとも消化が悪いため……まれに出すのがよく、その場合は冬の数か月間だけにすべきである。塩漬けや燻製など保存加工することで、豚肉は比較的健康によい食品になる。

これに対し牛肉は「すべての獣肉の中でもっとも栄養価が高く、もっとも広く消費されている」としている。[18] ファーマーの料理書に載っている豚肉レシピは15種で、牛肉や子牛肉の

50種、子羊肉と羊肉の23種、鶏肉の32種にくらべると非常に少ない。

その豚肉レシピにしても、ポークチョップ、ローストポーク、ヒレ肉のロースト、ブレックファストベーコン、塩漬け豚肉とタラの揚げ物、薄切りハムのあぶり焼き、ハムエッグ、ゆでハム、ローストハムのシャンパンソース添え、ヴェストファーレンハム（薄切りしただけ）、豚の足のあぶり焼きとパン粉をまぶして揚げたフライ、揚げただけのソーセージ、塩漬け豚肉入りベークドビーンズなど、どれも簡単な料理ばかりだ。数多くあるスープレシピでは、豚肉はわずか4種のチャウダーに使われているにすぎない。チャウダー――ハマグリ、トウモロコシ、またはジャガイモを煮こんでつくる濃厚なスープ――は一般に、最初に塩漬け豚肉の角切りを焼き色がつくまで炒め、溶けだした脂に煮出し汁とおもな具材を加えてつくる。

豚肉は、凝った朝食の献立にわずか2回（ベーコンエッグ、ハムのあぶり焼き）、18種の昼食の献立に1回（またも、ハムのあぶり焼き）登場しているが、ディナーの献立（メインディッシュには牛肉が3回、魚が6回、鳥肉が4回、子羊肉が4回、子牛肉が1回）にいたっては一度も登場しない。3種の晩餐会（12コース）の献立にも豚肉料理はまったく見当たらない。

当然ながら、当時のニューヨーク有数のレストラン、デルモニコスでも豚肉はめったに使

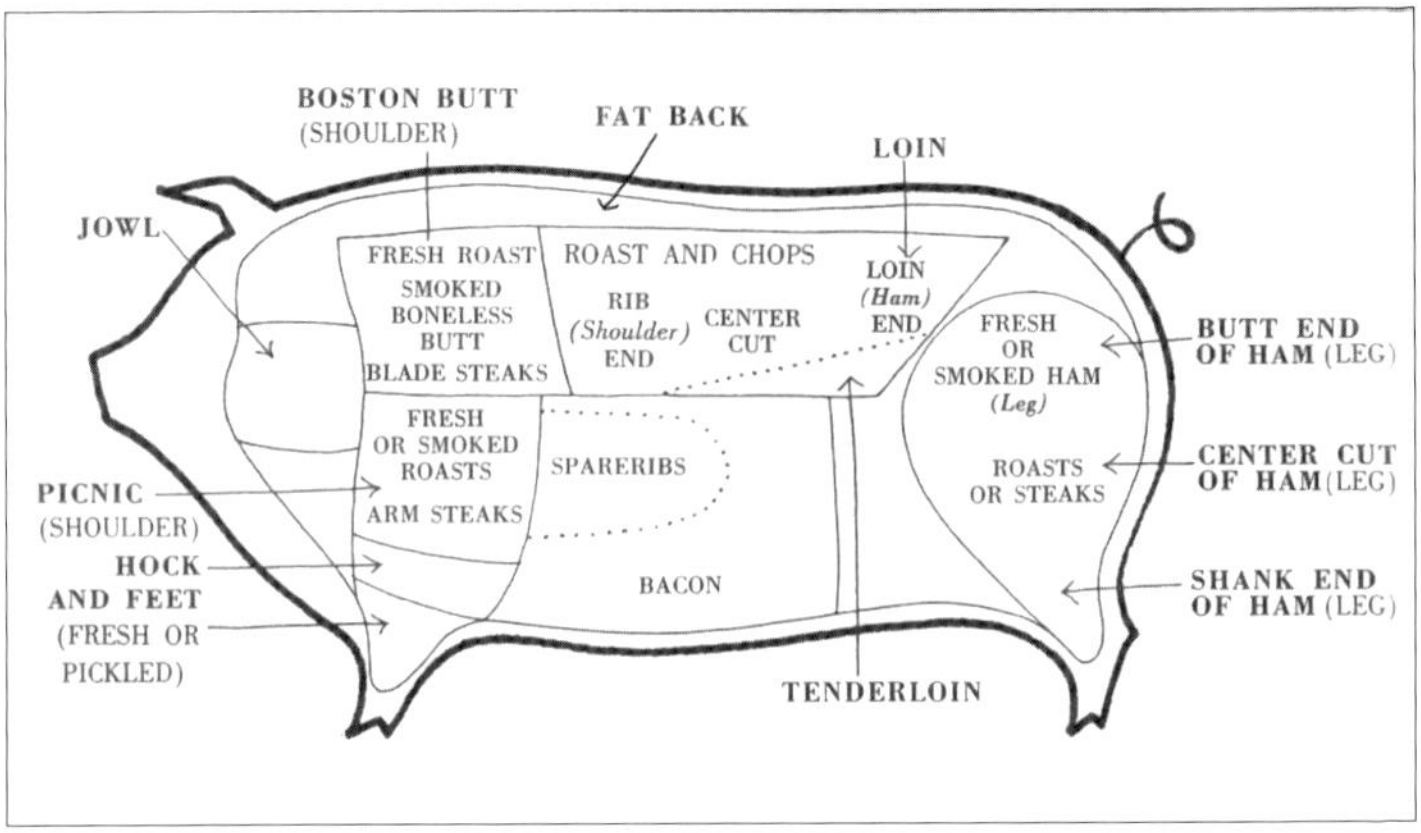

豚のおもな部位を示した図。現代のアメリカの料理書より。

われなかった。デルモニコスのシェフ、チャールズ・ランホファーは、塩漬け豚肉や、豚の足などの人気のない部位を使ったレシピをふくめ、豚肉料理のレシピを著書『美食家——調理法に関する分析的実際的研究全論 *The Epicurean: A Complete Treatise of Analytical and Practical Studies on the Culinary Art*』（１８９３年）に載せている。しかしデルモニコスで催される特別なディナーのためにランホファーが用意した86種のメニューには、ディナーのたびに多数の料理が出されるにもかかわらず、豚肉はほとんど登場しない。使われたのは添え料理だけだった——あるディナーではヴェストファーレンハムと乳飲み子豚のガランティーヌ［鶏、豚、子牛などの骨抜き肉に詰め物をして、ゼラチンの多いスープで煮た冷製料理］、別のディナーではブーダン、そしてさらに別のディナーでは揚げハム。だが、メインのロースト料理にはただの一度も使われていない。

ファーマーの『ボストンクッキングスクールの料理書』を１９７９年と再び１９９０年に改訂したマリオン・カニンガムは、豚肉に比較的関心を寄せているが、牛肉と子牛肉のレシピが55種に対し、豚肉は36種（生豚肉、ハム、ソーセージをふくむ）で、やはりアメリカ人の牛肉好きが鮮明になっている。

ただし、カニンガムは極上の豚肉の料理はもちろんだが、豚の足や内臓のレシピも紹介している。豚肉は健康によくないという昔からの考え方を改め、豚肉はおいしいだけでなく「タンパク質とビタミンB_1を豊富にふくむ」とも指摘している。さらに、さまざまなつけ合わせを添えた伝統的な豚ロース肉のローストやポークチョップにくわえ、アメリカ人の多種多様な外国料理への関心の高まりを反映して、海鮮醬《ハイセンジャン》「トウガラシ、ニンニク、ゴマなどで風味づけした甘みそ」、ケチャップ、砂糖、シェリー酒、しょう油で下味をつけて焼いた中国式の料理も取り上げている。

また「シティチキン」も再現している。これは豚肉と鶏肉の角切りを串に刺し、パン粉をまぶしてこんがり焼いたあとソースで煮たもので、起源は「鶏肉が豚肉より高価だった大恐慌時代[19]」にさかのぼるものだ。

カニンガムは豚肉とハムのレシピを幅広く提案し、スープや鶏肉、野菜やパスタの味つけに豚肉とハムをさまざまに利用する方法を教えてくれているが、お勧めの献立にはほとんど豚肉を使っていない。家族との夕食向けの献立8種のうち、豚肉をメインディッシュにしているのはピクニックハム（豚肩肉の燻製）の1種だけで、それに対し牛肉は3種（鶏肉は2種、魚は1種、子羊肉は1種）である。小規模なディナーパーティではそれぞれ、ほかの肉や魚を食材にしている。こうしたアメリカの料理書では、掲載されている豚肉料理とハム料理のレシピ数に明らかな差があり、これは、豚肉の人気はあいかわらずだが、メイン料理としてはあまり出されないことを示している。

●牛肉と豚肉

アメリカ人の食の嗜好が変化していることが、あるふたつの専門職の家庭の食費から明らかになった（1816～17年と1926～27年）。1816年のほうの家庭は豚肉と牛肉にほぼ同じ割合で支出していたが、豚肉の6分の5は保存加工品だった。1926年のほうの家庭は豚肉より牛肉にかなり多く支出しており――食肉の支出の49・7パーセントが牛肉で、豚が39・3パーセント――、購入した豚肉の約半分が生肉だった（冷蔵設備の導入を反映して）。1816年の家庭は食費全体の0・7パーセントをラードに支出していたのに対し、1926年の家庭はわずか0・1パーセントだった（これらの数字は、豚肉より牛肉のほうがはるかに高価だったことをふまえて解釈しなければならない）。

1950年には、アメリカ人はひとり当たり平均25・9キロの牛肉、29キロの豚肉、1・8キロの子羊肉と羊肉を食べていたが、1970年には39キロの牛肉、24・9キロの豚肉、1・4キロの子羊肉、1994年には29キロの牛肉、22・7キロの豚肉、0・45キロの子羊肉を食べている。2000年には、アメリカ人はひとり当たり平均29・3キロの牛肉（1970年代のピーク時より30パーセント減少）、24キロの鶏肉を消費しており、後者は第二次大戦後、経済的な食肉になっていた。豚肉は3番目に人気の高い肉で、ひとり当たり平均21・6キロだった。ちなみに魚はひとり当たり平均6・8キロ、子羊肉はわずか0・45キロだった。[20]

アメリカではイギリスと同様、もっとも高く評価されているのは牛肉で、とくにステーキやローストビーフが好まれる。1947年のギャラップ世論調査では、大半のアメリカ人が理想的な食事のメイン料理にステーキを選んでいる。1962年には、もっとも人気のあるTVディナー［包装容器ごと温めるだけで一食分のコースディナーができる調理済み冷凍食品］はフライドチキン、ローストターキー、ソールズベリーステーキ［ハンバーグステーキの一種］、ローストビーフだった。

ファストフード業界を席巻しているのはハンバーガーだ。1920年代と1930年代に繁盛していたアメリカ最古のドライブインレストランはテキサス州の「ピッグスタンド」で、看板メニューはバン［丸パン］に豚ロース肉、薬味のピクルス、バーベキューソースをはさんだ「ピッグサンドイッチ」だった。しかし現在マクドナルドでは、ビーフバーガー12種類、チキンバーガー8種類、ビーフラップ3種類、チキンラップ6種類、フィッシュバーガー1種類を提供するいっぽうで、豚肉を使ったメニューはポークスペアリブバーガーとベーコンチーズラップだけだ。

ただしベーコンなどの豚肉加工品はあいかわらず人気が高く、マクドナルドの朝食メニューのほとんどにハムやソーセージ、ベーコンが使われている。ベーコンはハンバーガーにつけ合わせることが多く、世界共通のベーコンレタストマトサンドイッチの味の決めてである。イタリアンソーセージは、以前はイタリア移民のコミュニティだけで食べられていたが、現在は屋台で売っているソーセージペッパーサンドイッチの具や、ファストフードレストランのピザのトッピングに使われている。

牛肉はラテンアメリカの一部で好まれているが、カリブ海およびアンデス諸国では豚肉が人気だ。たとえば、チチャロンはカリカリに揚げた豚の皮で、カリブ海諸国ではとても人気のある屋台の食べ物だ。プエルトリコのサンフアンの家庭ではよく、日曜日の午後に車で

メキシコのチチャロンカルヌド。豚の皮をカリカリに揚げた珍味。

「ラ・ルタ・デル・レチョン」と呼ばれる近隣の通りに出かける。というのも、この通りには道路ぞいにカフェテリアがずらりとならび、おいしい乳飲み子豚のローストを売っているからだ。乳飲み子豚のローストやベークドハムはこの地域ではクリスマスディナーの主役である。

キューバ人はローストポークのマリネや、ハム、豚肉、チーズ、ピクルスをはさみ、プレスして焼いたキューバサンドイッチが大好物だ。じっくり煮た豚の足に衣をつけて揚げた豚足のフリッターは、エクアドルで人気の前菜。エクアドルの田舎ではかつて、祝い事があると豚をつぶし、一日かけて食べて祝うのがならわしで、豚の皮をカリカリに揚げたクラックリングにはじまり、焼いた豚の厚切り肉、そして夜には豚の内臓でつくったソーセージとスープに舌つづみを打った。

第5章◉アジアの豚肉

◉中国の豚肉文化

豚肉は中国人の大好物の肉として不動の地位を保ちつづけている。じつに中国では、とくに明記されないかぎり「肉」は豚肉を意味する。したがって「肉チャーハン」は、豚肉が入っているとみなされる。そうでなければ、「鶏肉」チャーハンとか「牛肉」チャーハンと呼ばれるだろう。

中国人の大部分が牛肉より豚肉を好むのは、中国では、牛は使役動物だからだ。一所懸命働いて農民を助けてくれる動物を食べるのはよくないことだと考えているからで、これはヨーロッパ人の多くが馬を食べたがらないのと同じである。中国では、牛は群れて生活する野生の動物としてではなく、国づくりのために農家が各戸で飼う家畜として存在していた。それに対し、豚が飼い主のためにできることといえば、食物を提供することだけだ。当然これは、中国に放牧地があまりないことと関係がある。豚は狭い場所で飼うこともできれば、勝手にえさをあさらせておくこともできる。

「家」という漢字は、「豚」を表す漢字の上に「屋根」を表す漢字を加えたもので、これは典型的な家庭では昔から、豚を家のまわりや、場合によっては家の中で飼っていたことを示している。豚が不浄だと嫌悪する人々とはまったく対照的に、中国人は、豚の肉と脂肪は色といい匂いといい、食欲をそそる肉、ほかの赤身肉より消化がよい肉だとも考えていた。

中国ではずっと以前から、森林伐採と高い人口密度のせいで、豚が自由気ままにえさを探しまわれなくなった。豚は便所と一体化させた小屋「豚便所」で飼われ、人間の排泄物を処理していた。4人家族なら、4匹の子豚を家庭から出る排泄物と生ごみで飼育することができた。自由に歩きまわれなかったため、中国の豚は西洋の豚より小型で太った体型になった。

18世紀なかば、イギリス人の地主は自分の豚を、小型で肉づきがよく短脚の中国種の豚と交配させて肉質を向上させた。こうして生まれたのがラージホワイト種（大ヨークシャー種）

で、世界でもっとも人気の高い品種になった。この豚は胴長で比較的脂肪が少なく、ピンク色の皮膚がまばらな白い毛を通して透けて見える。もともとベーコン製造用に交配されたが、現在は、脂肪の少ない豚肉が好まれることからとくに人気がある。もっとも、市場に出まわっている豚のほとんどは交雑種《こうざつしゅ》［異なる属・種・品種間の交配によってつくり出されたもの］である。アメリカの家畜農家の大きな事業団体ニーマンランチは、ラージホワイト種、チェスターホワイト種、ハンプシャー種、デュロック種の豚の交雑種を好んでいる。

２００９年には、中国は世界全体の豚肉供給量の半分以上を消費しているが、それはもちろん、中国人の人口が非常に多いからでもある。豚肉のひとり当たりの消費量は、中国はEUとほぼ同じくらい多く、中国の生活水準がヨーロッパと同じくらい高ければ、おそらくもっと多かっただろう。豚肉は中国の肉の摂取量全体に占める割合がもっとも多いが、西洋の基準からすれば少ない。農民は結婚披露宴のような特別な機会に豚肉の蒸し煮や揚げ物などの料理をつくったのかもしれない。紅焼肉《ホンシャオロウ》［豚の角煮］は、湖南省の豪農出身である毛沢東の大好物だった。

貧しい人々はたいてい、生または燻製にした豚肉をほんの少し使って野菜料理を味つけしていた。毛沢東政権の最悪の時期には、豚肉の脂身のかけらを中華鍋にこすりつけて野菜に肉の風味をわずかにつけ、そのあとはまた使えるように脂身をとっておいたという。香港の

香港の屋台

ある労働者階級の家庭は、タンパク質のほとんどを魚から摂取していた（この家庭の1974～75年の食事の記録から）。肉はきまって少量の豚肉で、生肉かサラミのようなドライソーセージだった。宴会では鶏肉の切り身、主要な祝祭では鶏を1羽まるごと使ったかもしれないが、豚肉料理もたっぷり出されただろう。記録で確認された食事では鶏肉は19回登場し、いっぽう豚肉は79回だった。

欧米の食卓では豚肉とハムが主菜としてときどき出されるが、これに対し、肉を買う余裕のある中国の家庭ではほぼ毎食、豚肉が食卓にのぼる。新年の祝宴には伝統的な豚肉料理がつきもので、おそらく煮豚、豚ひき肉とキャベツが入った餃子《ぎょうざ》、豚足のゼリー寄せ、「獅子《シーズ》頭《トウ》」と呼ばれる大きな肉だんごなどがずらりとならべられたのだろう。裕福な人々はふつう、昼食と夕食にいくつかの料理にくわえ定番料理を一品食べるが、そのうちひとつは必ず豚肉料理である。西洋と同じように、豚肉はよくソースや野菜の味つけに使われるが、中国人は西洋で多く使われるベーコンやハムではなく、生の豚肉を使うことが多い。

生の豚肉といえばヨーロッパ人とアメリカ人にとってはたいていロース肉のローストやフライドチョップを意味するが、中国の料理人は豚肉を細切りもしくはさいの目に切り、野菜、ソースといっしょに強火ですばやく炒めることも多い。食材は小さく切れば火の通りが早くなるし、それに中国では燃料がつねに不足している。ほかの食材といっしょに炒めることで、

市場で子豚を売る中国の農民。大理（雲南省）、2010年。

カイラン（チャイニーズブロッコリー）とカリッと揚げた豚肉の炒め物

料理に食感の絶妙なコントラストが生まれる――たとえば、こりっと歯ごたえのあるニンジンやタケノコと、やわらかくジューシーな豚肉の細切りなどは好例だろう。

炒め物は手早くつくれ、変化もつけやすく経済的で、500グラムほどの肉にほかの材料を組みあわせれば6～7人分の料理になる。材料はすべて同じ大きさに切ることがポイントで、そうすることで見た目が美しくなり、さらに火の通る時間が均等になってすばやく調理できる。昔から中国人は「ナイフを使って食事をしない」[1]ので、肉は細かく切らなければならない（あるいは、ふつうは宴会に限られるが、はしでくずせるほどやわらかく調理しなければならない）。

豚肉には「紅焼《ホンシャオ》」――しょう油ベースの煮汁

で煮こむ――や、「回鍋《ホイコウ》」――ゆでて薄切りにし、再び鍋にもどして炒める――などの調理法がもちいられる。「回鍋」はもともと実際的な理由から考案されたもので、ゆでた肉は生肉より日持ちするため、大きなかたまりでゆでておき、必要に応じて切り分け、ほかの料理をつくったのである。それ以外にも豚肉は揚げたり、蒸したり、白焼《バイシャオ》（しょう油を入れず、調味した湯で煮こむこと）にしたり、ひき肉にして詰め物やソーセージに使ったり、乾燥させるか塩漬けにしてごはんのつけ合わせにしたりする。

●多彩な豚肉料理

中国人は豚のあらゆる部位を味わいつくす。よく気が利く主人なら、豚の小腸や脳みそを美味しく調理して客にふるまうことを忘れない。豚の足は紅焼、煮込み、蒸し焼き、ゼリー寄せ、酢漬け、スープなどにし、豚の耳は火を通して細切りにし、香辛料をきかせたドレッシングをかけ冷やして出す。脳みそはバターで揚げる。

またたいへんな手間ひまをかけて、腎臓を「火爆腰花《フオバオヤオフア》」［豚の腎臓炒め。腰は腎臓のこと］に変身させる。まず腎臓を紹興酒《しょうこうしゅ》に漬けて、アンモニア臭を消す。次にていねいに半分に切り開き、格子状に細かく切れ目を入れる。これを火のように熱い油でさっと炒めると、丸まって小さな一口大の花のような形になり、もはや腎臓にはまったく見えない。
豚のラードは肉と同じくらい重要だ。豚には脂肪含有量が最大の脂肪用型と、欧米で珍重される霜降り牛肉とは正反対の、脂肪が極端に少なく赤身の多い生肉用型の両方の品種がある。福建省ではアジアで一般的な油ではなく、ラードが広く料理に使われている。それは福建省が山がちな地域なためで、豚のえさは豊富だが、油が採れる植物を育てる土地がほとんどないからだ。

豚肉と、鶏の骨と肉からとる上等なストックは、豚肉を鶏のほぼ2倍使っており、ほとんどのスープとほかの多くの料理のベースになる。中国北部でとくに人気の高い酸辣湯《スワンラータン》は辛味と酸味をきかせたスープで、豚肉の千切りが入っている。福建省の肉鬆《ロウスン》［豚肉の田麩《でんぶ》］は、豚肉の細切りに調味料を加えて2時間煮こみ、そのあと低温のオーブンで1時間焼き、さらにラードで2時間かけてていねいに炒める。こうして肉の水分をすべて飛ばしてできあがるのが、じつにおいしい干し肉で、中国の伝統的な朝食である粥の味つけに使われる。

豚肉は麺料理のソースや、サヤインゲンやナスのような野菜の味つけにも利用される。野菜といっしょにミンチにして、肉まんや餃子に詰めることもある。小龍包《シャオロンパオ》は、調味した豚ばら肉のミンチに、背脂と、豚皮をストックでじっくり煮こんでつくった煮こごりを混ぜ、薄い小麦粉の皮で包んで蒸したもの。食べると、背脂のうまみが口いっぱいに広がる。

シンガポールのチャイナタウンで店員がバクワを売っている。バクワ（「バーベキューミート」）は、塩漬けして干した薄い板状の豚肉。

点心《てんしん》はお茶を飲みながらとる軽食で、チャーシューパイ、中華ソーセージが入った大根餅《もち》、豚ミンチ入りワンタン、骨つき豚ばら肉の黒豆ソース蒸し、肉まん、バーベキューリブ、乳飲み子豚のローストなどがある。

豚肉料理は簡単につくることもできる。たとえば豚肉ともやしの炒め物なら、まず豚肉の細切り1カップにしょう油、シェリー酒、うまみ調味料、コーンスターチでさっと下味をつける。塩、ワケギを加えて強火ですばやく炒めたら、もやし4カップを入れ、全体をさらに1～2分炒めればできあがりだ。

逆に豚肉料理は、広東省だけでなく欧米でも人気のある酢豚のように、手のこんだものにもなる。はじめてアメリカに移住した広東

豚の脚肉の煮込みごはん（カオカームー）

省の料理人が広めた酢豚は、いまでは広東省よりアメリカのほうで多く食べられているかもしれない。中国系アメリカ人の酢豚は中国のものより甘く、衣が多い。本格的な広東料理のレシピではまず、切ったニンジンを軽く酢に漬けることからはじまる。豚肉の角切りに紹興酒としょう油で下味をつけたら、卵黄をからめてコーンフラワー（コーンスターチ）をまぶし、自然乾燥させる。乾いたら揚げて油を切り、さらに1分間揚げて再び油を切る。ニンニクとピーマンを強火ですばやく炒め、そこにニンジンとパイナップルを加える。最後に、ケチャップ、酢、しょう油、ごま油、砂糖、塩で調味したソースを野菜に加え、豚肉をもどし入れ、ひと煮立ちさせる。

豚肉のメダイヨン［円形に切ったもの］カ

ニ肉詰めは、豚ロース肉のローストの小さめの薄切りで、カニ肉、マッシュルーム、タケノコを細かくきざんだ具をはさみ、卵白をつけて揚げたもの。中華料理には驚くほど想像力豊かな名前がつけられていることがある。春雨と豚ひき肉を炒めて味つけした「螞蟻上樹《マーイーシャンシュー》」［麻婆春雨に似た料理］は「木に登る蟻」という意味で、それは春雨にからみつく豚ひき肉が、木の枝にしがみつく蟻に似ていることからきている。

西洋と同様に、中国人もやはり、つぶした豚の部位を塩漬けにして保存した。中国でもっとも有名なのが雲南ハムで、これはアメリカのスミスフィールドハムによく似た、塩漬けしたあと自然乾燥して熟成させた肉の硬いハムだ。中国の料理人はハムをおもに調味料やつけ合わせに利用し、スライスやかたまりをメインの肉料理として出すのではなく、きざんで卵料理や炒め物に入れる。

中国のソーセージは西洋のものより香辛料がきいていて甘みが強く、涼しいところに保存すればかなり日持ちする。肉に対する脂肪の割合が高く、粒子はともにヨーロッパのソーセージより大きい。20種類以上あり、加熱調理が必要なものもあれば、そのまま食べられるものもある。あるレシピでは、赤身肉９００グラムと背脂６７５グラムを1センチ角に切り、砂糖、しょう油、香辛料に漬けこんで下味をつけたら、ケーシングに詰め、2～3日冷蔵庫で寝かせる。食べる前に必ず揚げるか蒸すかして加熱する。中国にはベーコンに相当するものはないが、豚ばら肉を塩漬けにすることがあり、これは西洋のベーコンに味が似ている。中国人は食を非常に重視している。孔子も『論語』の中で、肉は生焼けでも焼きすぎてもいけない、きれいに切り、適当な味つけの汁（ソース）をかけて供しなければならないといっている。ある有名な豚肉料理は宋代の大詩人、蘇軾《そしょく》（蘇東坡《そとうば》）にちなんで名づけられた（ウィリアム・ワーズワース・ビーフなんて想像できるだろうか？）。伝説によると、詩人が杭州の知事をつとめていたとき、自分の命令でダムや土手道を建設した労働者の労をねぎらうため、ある料理を考案したという。それは、皮とたっぷり脂身がついた豚ばら肉を、皮と脂身がゼラチン状になり、肉がとろけるくらいやわらかくなるまで長時間じっくり煮こんだものだった。

この料理「東坡肉《トンポーロウ》」をアレンジしたレシピでは、豚肉に紹興酒、しょう油、ショウガ、ワケギ、ニンニクで下味をつけ、肉を焼いたら、ストック少々にタマネギを加えたものに2時間15分漬けこむ。そのあと豚肉に肉汁をかけ強火で15分間蒸す。別のレシピでは、豚肉を下ゆでしたあと、しょう油などの調味料を加えた湯で蒸し煮にする。いったん煮汁からとりだして素揚げにし、再び煮汁にもどして30分煮こみ、最後にワケギの上にならべて2時間蒸す。

◉その他アジアの豚肉

豚肉は中国から東南アジアと太平洋諸島を通じて広まった。東南アジアでは、イスラム教に改宗した人々を除いてはいまも人気が高い。豚肉はベトナムでも非常に好まれているが、貧困層にはめったに手に入らない。豚は村をうろついて、昼間はえさをあさり、夕方になって呼ばれると、飼い主のもとに飛んで帰ってさらに残飯にありつく。中国と同じように豚肉はふつう、少しの量をスープや野菜、サラダの味つけに使う。ベトナム風エビと豚肉炒めや、豚薄切り肉とササゲの炒め物のような料理に使われる肉は、西洋の基準からすればとても少なく、2～4人前で225グラム以下だ。

ベトナム風豚肉だんごの網焼きは、下味をつけた豚肉に背脂を混ぜてすりつぶし、焼いた料理で、レストランでも、屋台でも、家庭でも、ベトナム全土でつくられる。ごはんや麺類の上にのせるほか、サラダプレートにハーブを添えて盛りつけ、ライム汁と魚醬のソースをかけることもある。バインチュン［ベトナムちまき］は、もち米の中に豚肉、緑豆あん、魚醬を入れて蒸したもので、ベトナムのテト（旧正月）に欠かせない料理だ。また、中流階級の朝食にはたいてい豚ひき肉入り汁ビーフンが食べられる。

タイにはサイクロークという独特なソーセージがあり、これは細かくきざんだカニ肉、挽

ミャンマー、ヤンゴンの屋台

いた豚の肉と脂肪をそれぞれ同量混ぜ、コリアンダーの葉、魚醤、ココナツミルク、チリペースト、ガランガル［ショウガの一種］、挽いたピーナツ、ニンニクで調味したもの。タイでは豚肉と魚介類を組みあわせた料理が一般的だが、それは肉より魚を多く食べるためで、ほかにも豚肉とエビのトーストや豚ひき肉を詰めた揚げクルマエビなどの料理がある。豚肉はほかの肉や魚介類といっしょにチャーハンに入れることも多い。

冷蔵設備のない村落で豚肉を保存するため、タイ人はハムに相当するムーワンを考案した。これは、豚のロース肉か肩ロース肉を砂糖と魚醤を加えた湯で煮たもので、毎日再沸騰させる。煮詰まった

ハワイの伝統的な祝宴ルーアウの豚料理。ルーアウでは、バーベキューピットで豚の丸焼きをつくる。

きはルーアウ（ハワイの伝統的な祝宴）のメイン料理だ。地面に穴を掘り、真っ赤に熱した石をならべ、内臓を抜いた豚を魚や野菜といっしょに入れたら、湿らせた葉と土を重ねて穴をおおう。豚は石の熱でゆっくり火が通る。

第6章 ◉ 大量生産の時代

いまはスーパーに行けば、きれいにパックされたポークチョップ、豚ロース肉、塩漬け豚肉、ベーコン、クックドハム、さまざまな種類のソーセージが売っている。ベーコンは便利にスライスされ、かたまりハムはオーブンで数時間加熱するだけでよく、ソーセージは油で焼いてもいいし、そのまま食べることもできる。

時間と労力の節約は、工場での豚肉生産においてはさらにいっそう明らかだ。ハムとベーコンはもはや塩を直接すりこんで塩漬けされることはなく、ハムは塩水を注入して5～10日で熟成させる。こうしたできあがったハムは風味に乏しく水っぽいが、少ない時間で多くのハムを加工すればコストの削減になる。ベーコンの場合は、何千ポンドもの豚あばら肉を

イギリス風ソーセージのグリル

塩水とさまざまな化学薬品が入った溶液タンクに投げこみ、ここにさらに燻煙液とほかの調味料が加えられる。イギリスで第一次世界大戦まで一般的だった伝統的な製造工程では、肉に塩と調味料を直接すりこみ、数日間寝かせたあと、薪の煙でじっくり燻煙したから6～8週間はかかった。現在はほぼすべてのベーコンが、タンクの中で9～10日で熟成される（塩水に4～5日漬け、4日かけて水気を切る）。

ハムやベーコンがほとんど燻煙されないこともめずらしくない。だが時間をかけて熟成させなければ、塩漬け豚肉特有の強い芳香は醸造されない。十分に熟成されていないため、ハムとベーコンは密封包装され、開封後は冷蔵しなければならない。生ソーセージが家庭ごとに味つけされ、天然のケーシングに詰められていたのも、もう昔の話だ（初期の大量生産ソーセージのケーシングはビニール製で、現在は食用コラーゲンまたはセルロースだから多少はよくなったのだが）。

◉食肉工場

最新式の食肉処理施設は1時間に約１０００頭の豚を処理できる。屠畜場に追い立てられた豚は電撃で瞬時に失神させられ（そうであってほしい）、片方の後ろ脚を頭上のコンベヤーチェーンに引っかけて吊りあげられる。頸動脈と頸静脈をナイフで切開された豚は放血死する。チェーンで運ばれた豚は82℃の湯の入ったタンクを通過すると、回転ブラシで剛毛が除去される。次に青色の炎が燃える毛焼き機で毛を焼かれ、さらに焼かれて皮が硬化される。吊られた状態のまま頭部を切断、腹の中央を切り開いて内臓をとりだし、枝肉《えだにく》［皮をはいで、内臓、頭、尾、肢端《したん》を除去した骨つき肉］にする。

このすべての作業にわずか数分しかかからない。ここから枝肉は冷蔵室に運ばれ、冷やしたあと各部位に切り分けられる。ヘンリー・フォードはフィリップ・ダンフォース・アーマーが１８７５年頃にシカゴにつくった「豚解体」ラインにヒントを得て、最初の大量生産車T型フォードの組み立てラインを構築したといわれている。

かいば桶のかたわらで豚にえさを与える女性を描いた20世紀初頭のポスター。豚肉生産者は、伝統的な農場でのどかな生活を送る豚のイメージをつくりあげている。

フォードのたとえは、豚を車と同じように効率よく農場で「組み立てる」ものだとみなすなら、道義的問題をはらんでくる。家族経営の農場で飼育される豚は、ふだんは外でえさをあさり、天候が悪いときにはふかふかの干し草の寝床のある納屋に保護される。ビートン夫人の、豚を「健康かつ清潔かつ快適に」飼育するための方法には、19世紀なかばのイギリスの農場での豚の生活が、やや好意的にではあるが現実にそくして描かれている。豚は豚小屋で飼われ、水はたえず新しいものに交換され、根や茎、葉などの庭の廃棄物が「口さびしくならないように」与えられる。豚小屋の前部はれんが敷きで、砂をまいて毎日掃き掃除される。奥の「ねぐらは、屋根と壁で寒さや雨などあらゆる天候の変化から豚をしっかり守り、寝床はたっぷりの清潔なわらで十分に深く[1]」もぐりこめるようになっている。これはまんざら悪くない生活だった。

しかし過去50～100年で、北米、オーストラリア、EU、さらに最近ではアジアと南米の豚肉生産者は、豚を「感受性のある生き物」ではなく「生産単位」として扱う、より利益の上がるシステムにシフトしている。豚肉生産は、数千頭の豚を飼育する養豚農場と契約した少数の大企業が支配する集中型産業になったのである。

豚は金属やコンクリートでできた薄暗い倉庫に押しこめられ、足の下はすのこ敷きか金網になっていて排泄物が処理しやすくなっている。人工授精で妊娠した雌豚は体の向きを変え

上：妊娠クレートに入れられた雌豚。この知的で好奇心の強い動物は、ほとんど身動きもとれないクレートの中で人生の大半を過ごす。下：豚は屠畜を待つあいだ、殺風景な囲いの中でひしめきあって数か月を過ごす。アメリカの有力な家畜保護団体ファームサンクチュアリは、思いやりのある完全菜食主義の生き方を推進しており、家畜は商業やほかの目的のために搾取されるべきではないと考えている。詳細は farmsanctuary.org で確認できる。

ることさえできないほど窮屈な妊娠枠（クレート）に入れられる。出産後はもっと狭い分娩クレートに入れられ、これには母豚と子豚を隔てる鉄格子がついているため、子豚は乳を吸うことはできるが、母豚に寄り添うことはできない（この仕切りは、狭い空間で雌豚が万一子豚を下敷きにして損失を出すことを防いでいる）。子豚は、自然のままでは生後13週間まで母親の乳を吸うところを、生後3週間で引き離される。薬で強化された飼料を与えれば、母乳より早く体重が増えるからだ。そして生後5～7か月になり、市場体重の100～127キロに達すると屠畜される。

だがそれでも子豚は、12年間も（妊娠と妊娠のあいだの1週間の休息を除いて）妊娠・分娩クレートで過ごす母豚にくらべれば幸運だろう。現在、こうしたやり方がすべての大規模豚肉生産者に定着している。

全米豚肉委員会の「アメリカ豚肉生産者の倫理原則」には、家畜の福祉に関する条項があり、これには「家畜の福祉を促進する環境」がふくまれる。ところが委員会は妊娠クレートのメリットを指摘するようになり、これが雌豚間の攻撃や争いを最小限におさえ、体重と作業員の安全をともに管理しやすくすると主張している。妊娠クレートは、動きや運動が制限され、採食行動がとれず、社会的交流もできないという明らかなデメリットがあるにもかかわらず、「豚にとって最善のもの」としている。

委員会のウェブサイトには「食は農場からもたらされる」というタイトルのなごやかな動画が複数公開されており、その中ではがっしりした体格の生産者が、豚舎内は豚に適した明るさになるよう気をつけているので窓はついていないと説明し、殺風景なすのこ敷きの倉庫で飼育されているたくさんの豚は快適で満足していると断言する。尾はたがいを傷つけないように切ってあり、ずらりとならんだ妊娠クレートの中の750頭の雌豚は「くつろぎ、満ち足りている」と力説する。クレートのおかげで雌豚をいっそうしっかり世話でき、また人工授精させることで雄豚から守っているという。そしてこの「科学的な方法」は人間にとってだけでなく、豚にとっても望ましいものだと胸を張る。

◉要求しはじめる消費者

幸いにも、このうまい話に納得する人は誰もいない。人々の関心と憤りは高まっており、別の方法が登場しはじめている。妊娠クレートはイギリス、スウェーデン、アメリカの一部の州では禁じられている。2003年以降、EUの法律はこう定めている。豚は完全に不毛な環境で飼育してはならず、たとえば、わら、干し草、木……キノコ堆肥、泥炭、またはそれらの混合物など、適正な探索および操作行動を可能にする十分な量の素材を恒常的に利用できなければならない。(2)

その法律はさらに、非常に狭い空間ではむりもない攻撃性を最小限におさえるのに必要とされる断尾の慣例も禁じており、妊娠クレートも段階的に廃止されるだろう。

だが残念ながら、加盟国の養豚農場の半分以上がこうした法律を無視していることが、欧州食品安全機関の調査官によって明らかにされた。動物保護団体からの圧力にさらされ、アメリカ中西部の養豚農場は15年以内に妊娠クレートを廃止することにしぶしぶ同意したが、農場は妊娠クレートが悪いものだとは考えていない。オーストラリアの大規模な豚肉生産者も同様の約束をしている。

人道的に育てられた食肉と工場飼育された食肉とでは、生産コストはたいして変わらないと論じられることもある。それは後者の場合、農場が汚染や感染症に対処しなければならないからだ。工場式養豚農場の混雑した状態は豚舎の環境を汚染し、病気のまん延を防ぐため家畜に抗生物質を与えることが必要になる。しかしおそらく、最小の時間、経費、労働力でもっとも多くの豚肉を生産することが唯一重要なことであるかぎり、工場式養豚がいちばん

消費者は、豚を比較的幸福にする非集約的な方法で育てられた食肉を求めるようになっている。

もうかる方法だろう（ただし、生産者がみずから引き起こした汚染をおさえたり浄化したりしなくて済むかぎりだが）。

それでもやはり、多くの国々の消費者が人道的に育てられた食肉を求め、生産者にそれを供給するよう要求しはじめている。アメリカの６５０以上の自営農家のネットワークである、ニーマンランチのような団体は、抗生物質の常用を避け、豚を放し飼いにし、寝わらをしいてやり、雌豚に巣づくりと子供の世話をさせることをメンバーに義務づけている。

ヴァージニア州のポリフェイスファームの経営者は豚を隣接する森林地帯に放し飼いにしているが、豚がアルコールを好むこと（人間との奇妙な類似点のひとつ）を利用した一挙両得のシステムを考案している。それは、牛舎に堆積した牛ふんとわらの中にトウモロコシを混ぜ、牛ふんの醱酵によって発生した熱でトウモロコシを醱酵させるというものだ。牛を牧草地に出したあと豚を牛舎に入れると、豚は夢中になって醱酵した「アルコール臭のする」トウモロコシを探しだし、たいらげる。こうして豚はおいしく食べて育っていき、いっぽう牛ふんは空気にさらされて、「好気性醱酵により」甘い香りの堆肥になる。ポリフェイスファームの豚は、自然な衝動を満足させながら、しかも売り物として太っていくのだ。

19世紀の農民にこのような複雑なシステムの開発は期待できなかった。しかし、彼らの豚の多くは、育ててもらった恩に報いるときが訪れるまで、十分によい人生を送っていたことは確かである。

訳者あとがき

「ほかのすべての食肉がそれぞれひとつの風味しかもたないのに対し、豚は50近くの風味をもっている」と、ローマの博物学者、大プリニウス（西暦29〜79）が『博物誌』に書いている。たしかに、豚肉ほど多彩な味わいを生みだす食肉もないかもしれない。ハム、ベーコン、ソーセージといった加工品はもちろん、くせのない豚肉はさまざまなスパイスや調味料ともじつによく合い、どんな料理にもしっくりなじむ。なるほど、世界中におびただしい数の豚肉料理があるのもうなずける。本書にも、世界に名高いパルマハム、バイヨンヌハム、イベリコ豚のハム（ハモン・イベリコ）、雲南ハムのほか、レバーヴルスト、チョリソーなどのソーセージ、また、イギリスの国民作家チャールズ・ラムが愛してやまなかった、皮目をパリパリに焼いた肉汁たっぷりの乳飲み子豚のローストや、アメリカ養豚のメッカ、アイオワ州の分厚いポークチョップのグリル、それに毛沢東の好物だったという紅焼肉《ホンシヤオロウ》（豚の角煮）など、思わず食べたくなるような古今東西の豚肉加工品や豚肉料理が次から次へと登場する。

豚は牛や羊のように広大な牧草地を必要とせず、繁殖力が強く、成長も早いことから安価で、しかも栄養価も高く、なによりおいしい。「豚で食べられないのは鳴き声だけ」といわれるように、捨てる部分がほとんどなく、頭の先から尻尾、内臓、血液にいたるまですべて利用できる。豚肉は世界でもっとも広く食べられている食肉であり、私たちにもとても身近な食肉だ。

だがじつは、豚肉は最初から「庶民の肉」だったわけではない。古代ローマ時代には富裕層が珍重する高級品で、庶民の口にはめったに入らなかったという。豪勢な饗宴には豚の丸焼きをはじめ、凝った豚肉料理がつきもので、そのようすは、ローマ時代の風刺小説『サテュリコン』の「トリマルキオンの饗宴」におそらくほぼ事実どおりに描写されている。ローマ時代に成立した最古のレシピ集『アピキウスの料理書』（西暦1世紀）には、シンプルなものから豪華なものまでさまざまな豚肉料理が載っており、当時、豚肉が非常に好まれていたことがうかがえる。

このように古くから貴重な肉の供給源として人間に貢献してきた豚だが、いっぽうで、生ごみでも排泄物でも食べるその習性から、「不潔」の代名詞として嫌悪されるという側面もあわせもつ。実際、豚を「不浄なもの」としてけっして口にしない人々もいる。ユダヤ人とイスラム教徒が豚肉を食の禁忌（フードタブー）の対象としていることは広く知られている。ユダヤ人とイスラム教徒が豚肉を忌み嫌う理由のひとつは、豚のこの雑食性にあるとされるが、これは西洋で豚肉が富裕層や上流階級の食べ物から、農民や労働者など下層階級の食べ物へと変化していったこととも当然無関係ではない。だがそれとは対照的に、中国のように、「肉」といえば豚肉を意味するほど、いまも昔も変わらずあらゆる階級から愛されている地域もある。

本書『豚肉の歴史』は、そうした豚肉への偏見やタブーもふくめ、豚肉の歴史をヨーロッパ、新大陸（南北アメリカ大陸）、アジアと地域を大きく3つに分け、それぞれ詳細にたどっていく。著者はさまざまな文献を丹念に分析しながら、各地域で豚肉が人々にとってどのような食べ物であったか、そして西洋の上流階級のあいだで豚肉がさげすまれ、宴会の主役から食卓の脇役へと追いやられていった経緯についてつまびらかにしていく。

豚肉好きの人もそうでない人も、本書を読めば、ふだん何気なく食べている豚肉にこれほど意外な歴史があることにきっと驚かされるにちがいない。紹介される世界各国の豚肉料理の多種多様さに圧倒されるとともに、豚肉という食肉の奥深さにあらためて気づかされることだろう。

最終章で著者は、現代の養豚をとりまく情勢とその課題について触れている。現在、豚を薄暗く窮屈な場所に押しこめて飼育する利益優先の工場式養豚が定着しているが、こうした、豚をまるで感受性をもたない「モノ」のように飼育するやり方に対し、近年、消費者が強い拒否感を示しているという。人道的に育てられた豚肉を求める声はますます高まっており、工場式養豚場もいずれは消費者のニーズに応える方向へとシフトせざるをなくなるにちがいない。安くて、おいしくて、栄養たっぷりの豚肉が、このうえさらに、比較的幸福な人生を送っていた豚からもたらされるとするなら、豚肉好きにとってこれ以上うれしいことがあるだろうか?

本書『豚肉の歴史』(*Pork: A Global History*)は、イギリスのReaktion Booksが刊行しているThe Edible Seriesの一冊である。このシリーズは2010年、料理とワインに関する良書を選定するアンドレ・シモン賞の特別賞を受賞している。

本書の訳出にあたっては、原書房の中村剛さん、オフィス・スズキの鈴木由紀子さんにたいへんお世話になりました。心よりお礼を申し上げます。

2015年6月

伊藤　綺

写真ならびに図版への謝辞

著者と出版社より、図版の提供と掲載を許可してくれた関係者にお礼を申し上げる。

Bigstock: pp. 45 (H. Brauer), 92 (ukrphoto), 94 (Marco Mayer), 111 (oysy), 135 (rafer); © The Trustees of the British Museum: p. 71上下, British Library: p. 50; Courtesy of Farm Sanctuary (farmsanc-tuary.org): p. 162上下 ; Istockphoto: pp. 49 (Linda Steward), 59 (dirkr), 75 (Robert Bremec), 96 (Siniša Botaš), 140 (Christian Baitg), 143 (Tupporn Sirichoo), 146 (Benjamin Loo), 147 (Tupporn Sirichoo), 154 (Michael Klee); Matthew W. Jackson: p. 112; Kunsthistoriches Museum, Wien: p. 55; Library of Congress: pp. 109, 117; Michael Leaman; pp. 24, 151; National Library of Medicine, Bethseda, Maryland: pp. 30, 57; Minneapolis College of Art and Design Collection: p. 76; Shutterstock: pp. 15, 46-47 (Foodpictures), 65 (Jiri Hera), 142 (Hung Chung Chih), 166 (Iain Whitaker); Stockxchng: p. 158 (Chris Chidsey); Tate Gallery: p. 90; Peter G. Werner: p. 11.

参考文献

Alford, Jeffrey, and Naomi Duguid, *Hot Sour Salty Sweet: A Culinary Journey through Southeast Asia* (New York, 2000)

Apicius, A Critical Edition, ed. Christopher Grocock and Sally Grainger (Totnes, 2006)

Beeton, Isabella, *Mrs Beeton's Book of Household Management*, enlarged edn (New York, 1986)

Cummings, Richard Osborn, *The American and His Food: History of Food Habits in the United States*, revised edn (Chicago, 1941)

Dalby, Andrew, and Sally Grainger, *The Classical Cookbook* (London, 1996)

Davidson, Alan, ed., *The Oxford Companion to Food*, 2nd edn, ed. Tom Jaine (Oxford, 2006)

Dunlop, Fuchsia, *Shark's Fin and Sichuan Pepper: A Sweet-sour Memoir of Eating in China* (New York, 2008)

Glasse, Hannah, *The Art of Cookery Made Plain and Easy* (London, 1983)

Grigson, Jane, *Charcuterie and French Pork Cookery* (London, 1967)

Hippisley-Coxe, Antony and Araminta, *Book of Sausages* (London, 1994)

Kaminsky, Peter, *Pig Perfect: Encounters with Remarkable Swine and Some Great Ways to Cook Them* (New York, 2005)

Lin-Liu, Jen, *Serve the People: A Stir-fried Journey through China* (Orlando, FL, 2008)

Opie, Frederick Douglass, *Hog and Hominy: Soul Food from Africa to America* (New York, 2008)

Smith, Andrew F., ed., *The Oxford Encyclopedia of Food and Drink in America* (Oxford 2004), 2 vols

Soyer, Alexis, *The Gastronomic Regenerator: A Simplified and Entirely New System of Cookery*, 8th edn (London, 1852)

——, *The Modern Housewife or Ménagère* (London, 1851)

Spencer, Colin, *British Food: An Extraordinary Thousand Years of History* (New York, 2002)

Thorne, John, with Matt Lewis Thorne, *Serious Pig: An American Cook in Search of His Roots* (New York, 1996)

Watson, Lyall, *The Whole Hog* (Washington, DC, 2004)

レシピ集

◉ポークチョップとニンジンの煮込み

（3人分）
冷凍オレンジジュース、またはパイナップルオレンジジュース…1缶（170*g*）
しょう油…大さじ3
粉末ショウガ…小さじ2
塩…小さじ½
マージョラム…小さじ½
ポークチョップ厚切り…3枚
ニンジン…450*g*
植物油、またはポークチョップから切りとった脂…大さじ2

1. まだ溶けていないジュース、しょう油、ショウガ、塩、マージョラムを混ぜあわせる。
2. ポークチョップを植物油、または脂できつね色になるまでよく焼く。
3. 2に1を注ぐ。
4. ニンジンを1センチの厚さに切り、鍋に加える。
5. ときどきかき混ぜながら、30〜45分煮こむ。

……………………………………………

◉豚肉のリンゴ煮

アンドリュー・ドルビー、サリー・グレインジャー著『古代ギリシア・ローマの料理とレシピ』［今川香代子訳、丸善］より。アピキウスの「ミヌタル・マティアヌム」のレシピを著者のサリー・グレインジャーがアレンジしたもの。

（4人分）
骨抜き豚赤身肉…450*g*
はちみつ…大さじ3
ベイリーフ…1枚
コショウの実…5粒
セロリの茎…1本
牛ひき肉…225*g*
とき卵…小1個分
薄切りにしたポロねぎ…大1本分
細かくきざんだコリアンダー…ひとつかみ強
小さめの甘いリンゴ（皮をむいて薄切りにする）…450*g*
白ワイン…1¼カップ（280*ml*）
白ワインビネガー…⅔カップ（150*ml*）
オリーブオイル…大さじ2
タイの魚醤（ナンプラー）…⅔カップ（150*ml*）
粉末クミン…小さじ2
粉末コリアンダー…小さじ2
アサフェティダ（阿魏〈あぎ〉）…小さじ1
きざんだミント…小さじ2
ソースのとろみつけ用のコーンフラワー（コーンスターチ）…適量

粉末コショウ…適量

1. はちみつ大さじ1、ベイリーフ、コショウの実、セロリの茎を加えた水に豚肉を入れ、ふたをして煮る。
2. 煮えたらそのまま冷ます。
3. 牛ひき肉ととき卵を混ぜ、小さなボール状に丸める。
4. 別の鍋に、ワイン、豚肉の煮汁1¼カップ、ワインビネガー、オリーブオイル、ナンプラー、残りのはちみつ大さじ2を入れ、混ぜあわせる。
5. 豚肉をさいの目に切り、ミートボールといっしょに4に加え、煮立たせる。
6. 煮立ったら、ポロねぎ、コリアンダー、リンゴの薄切りを加え、30分煮こむ。
7. 豚肉にほぼ火が通ったら、クミン、粉末コリアンダー、アサフェティダ、ミントを加える。
8. コーンフラワーでソースにとろみをつけ、コショウをたっぷりふりかける。

……………………………………………

●豚肉のザウアークラウト煮（シュークルート・ガルニ）

（6人分）
ザウアークラウト…1.4キロ
きざんだベーコン…2枚分
みじん切りにしたタマネギ…1カップ
細かくきざんだニンニク…小さじ1
ベイリーフ…1枚
つぶしたジュニパーベリー…6個分
キャラウェイシード…小さじ½
白ワイン…½カップ（110*ml*）
チキンストック…½カップ（110*ml*）
コショウ…お好みで
豚肉のミートボール（以下に材料と分量を掲載）…6個
ハムステーキ…450*g*
キェウバサ（フォークで穴を開ける）…450*g*

（ミートボールの材料）
豚ひき肉…225*g*
パン粉…大さじ2½
すりおろしたタマネギ…大さじ2½
きざんだニンニク…大さじ½
サワークリーム…大さじ1½
きざんだパセリ…小さじ1¼
塩コショウ…適量
ナツメグ…小さじ⅛

1. ミートボールの材料をすべて混ぜあわせ、ボール状に丸める。
2. ザウアークラウトの水気を切って乾かしておく。
3. ベーコンにタマネギ、ニンニクを加え、しんなりするまで炒める。
4. 3にザウアークラウト、ベイリーフ、ジュニパーベリー、キャラウェイシード、ワイン、ストック、コショウを加え、煮立たせる。
5. 煮立ったらミートボール、ハム、キェウバサを加え、しっかりふたをして1時間煮る。ゆでたジャガイモとマスタードを添えて盛りつける。

●ブランデー漬けプルーン入りポットローストポーク

（6人分）
ブランデー…1カップ（225ml）
種抜きプルーン…中30個
骨なし豚もも肉…1.8キロ
塩コショウ…適量
植物油…¼カップ（60ml）
赤タマネギ（厚い輪切りにする）…2個
辛口白ワイン…1カップ（225ml）
チキンストック…1カップ（225ml）
赤トウガラシのフレーク…ひとつまみ
乾燥セージ…小さじ1（または新鮮なセージ大さじ1）
トマトペースト…大さじ1
はちみつ…¼カップ（60ml）
きざんだパセリ…大さじ2
炒ったクルミ（きざんだもの）…½カップ（60g）

1. ブランデーの半量を沸騰させる。沸騰したら火を止め、プルーンを加え浸しておく。
2. オーブンを160℃に予熱する。
3. 豚肉を塩コショウで味つけする。オーブン使用可の鍋に油を入れて中火で熱し、豚肉の表面全体に焼き色をつける（約12分）。
4. 豚肉を鍋からとりだす。鍋にタマネギを入れ、ときどきかき混ぜながら中火で薄く色づくまで炒める（約10分）。
5. 4に白ワイン、残りのブランデー、ストック、赤トウガラシのフレーク、セージ、トマトペースト、はちみつを加えて煮立たせる。
6. 豚肉を鍋にもどし、ふたかアルミホイルでしっかりおおい、豚肉がやわらかくなるまでオーブンで2時間蒸し焼きにする。
7. プルーンをブランデーごと加えたら、鍋をオーブンにもどし、さらに20分ふたをしないで焼く。
8. 豚肉を薄く切り、プルーンとタマネギを上にのせ、ソースをかける。仕上げにパセリとクルミを散らす。

●煮豚（醬肉〈ジャンロウ〉）

（6人分）
豚もも肉、または肩ロース肉か肩肉…1.8キロ
しょう油…1カップ（225ml）
砂糖…½カップ（100g）、あるいはそれより少なめに
辛口シェリー酒…大さじ1
新鮮な根ショウガ（薄切り）…2枚（またはニンニクふたかけ）
八角…2〜3かけ
水…1カップ（225ml）

1. 豚肉を沸騰した湯に数分間浸して湯通しし、冷水ですすぐ。
2. 豚肉とほかのすべての材料を大きめの鍋に入れ、煮立たせる。ふたをして、

ときどき肉の上下を返しながら、やわらかくなるまで煮る（2時間以上）。

3. 煮えたらふたをとり、火を強くする。豚肉に煮汁をかけながら、1カップくらい煮汁が残るまで、さらに15〜20分煮る。脂肪をすくいとる。
4. 熱いまま、または冷ましてから供する。

………………………………………………

◉スパゲティカルボナーラ

（5人分）
スパゲティ…450*g*
細切りにしたベーコン…8枚分
細切りにしたハム…225*g*
バター…大さじ3
エクストラヴァージンオリーブオイル…大さじ3
パルメザンチーズ（すりおろしたもの）…⅔カップ（60*g*）
塩…大さじ1
コショウ…大さじ1
卵…4個
きざんだパセリ…大さじ6

1. スパゲティをアルデンテに（歯ごたえを残して）ゆでる。そのあいだに、ベーコンを大きめの鍋で焦げ目がつく程度に炒める。ベーコンをとりだして脂切りし、鍋に残った脂は捨てる。
2. ハムをバターとオリーブオイルで4〜5分じっくり炒める。卵をときほぐし、パルメザンチーズ、塩、コショウを加えて混ぜ、卵液をつくる。
3. 鍋を火から下ろし、湯切りした熱々のパスタ、ベーコン、卵液、パセリを加え、スパゲティ全体にからむように混ぜる。熱いうちに食べる。

………………………………………………

◉スウェーデン風ソーセージ煮込み（コルヴラグ）

（5人分）
生ポークソーセージ…450*g*
バター…大さじ3
きざんだタマネギ…⅔カップ（80*g*）
小麦粉…大さじ1
ビーフストック…1¼カップ（280*ml*）
ジャガイモ（皮をむいて小さなさいの目に切る）…600*g*
薄切りにしたニンジン…2½カップ（150*g*）
塩…小さじ1¼
ひきたての黒コショウ…小さじ½
ベイリーフ…1枚

1. 厚手の鍋でソーセージに軽く焼き色をつける。ソーセージをとりだし、鍋に残った脂は捨てる。
2. 鍋にバターを溶かし、タマネギを5分炒める。小麦粉とストックを入れ、沸騰するまでかき混ぜる。
3. 2にソーセージ、ジャガイモ、ニンジン、塩、コショウ、ベイリーフを加え、ふたをして煮立たせる。煮立ったら弱火にし、20分加熱する。

………………………………………………

◉酢豚（古老肉〈グーラオロウ〉）

（6人分）
ニンジン（2センチ大に切る）…2カップ（120g）
米酢…大さじ3
砂糖…大さじ3
新鮮な根ショウガの薄切り（すりつぶしておく）…3枚（直径2.5センチくらいのもの）
骨なし豚ロース肉…900g
紹興酒…大さじ2
しょう油…大さじ1½
ごま油…小さじ1
卵黄…2個分
コーンスターチ…2カップ
ピーナツオイル、またはコーンオイル…2カップ
ピーマン（2.5センチ大に切る）…2個
きざんだニンニク…大さじ1½
パイナップルのぶつ切り（水気を切る）…1カップ（175g）

（タレの材料）
水…⅔カップ（150ml）
ケチャップ…¼カップ（60ml）
酢…大さじ3
しょう油…小さじ2
ごま油…小さじ ½
砂糖…大さじ3
コーンフラワー（コーンスターチ）…大さじ2
塩…小さじ1

1. 前の晩に、ニンジンを米酢大さじ3、砂糖大さじ3、すりつぶしたショウガを混ぜたものに浸ける。ときどきかき混ぜながら、冷蔵庫で12時間漬けこむ。
2. 当日、ニンジンに下味がついたら、豚肉から脂肪をとり除き、2.5センチのさいの目に切る。紹興酒、しょう油、ごま油を混ぜたものに少なくとも1時間漬けこむ。
3. 豚肉をとりだし、卵黄をつけ、コーンフラワーをまぶす。軽く握って、コーンフラワーをしっかりつける。豚肉をトレーにならべ、1時間自然乾燥させる。
4. 中華鍋にピーナツオイルを入れ、200℃に熱する。豚肉の3分の1を加え、たえず返しながらきつね色になるまで3分ほど揚げる。揚がったら肉をとりだし、油を切る。
5. 油を再び熱し、残りの豚肉も同じように揚げる。
6. 油をこし、220℃に熱する。豚肉をすべて加え、たえず返しながら、こんがりきつね色になり表面がカリッとするまで1分ほど揚げる。揚がったらとりだし、油をしっかり切る。
7. 油を大さじ2残して捨て、中華鍋をきれいにふく。とっておいた油を高温に熱し、ピーマンとニンニクを強火で1分ほど炒める。
8. 下味をつけたニンジンの水気を切り、パイナップルといっしょに中華鍋に入れる。さらに1分強火で炒め、タレを加える。たえず返しながら、とろみが

つくまで加熱する。豚肉を加え、タレがからむように軽くかき混ぜる。熱いうちに食卓に出す。

(16) Cited in Megan J. Elias, *Food in the United States, 1890-1945* (Santa Barbara, CA, 2009), p. 15.

(17) Eliza Leslie, *New Cookery Book* (Philadelphia, PA, 1857), p. 248

(18) Sarah Josepha Hale, *The Good Housekeeper* [1841] (Mineola, NY, 1996), pp. 42-43; Fannie Merritt Farmer, *Boston Cooking-School Cookbook* [1896] (New York, 1997), pp. 208-209, 169.

(19) Marion Cunningham, *The Fannie Farmer Cookbook*, 13th edn (New York, 1991), pp. 192, 198.

(20) 1816-17 and 1926-7 statistics from Cummings, *The American and His Food*, pp. 269-271. Statistics on meat consumption 1950-1994 from Richard L. Kohls and Joseph N. Uhl, *Marketing of Agricultural Products* (Upper Saddle River, NY, 1998), p. 399. Statistics for 2000 from Smith, ed., *Oxford Encyclopedia of Food and Drink in America*, vol. II, p. 78.

第5章　アジアの豚肉

(1) Jen Lin-Liu, *Serve the People: A Stir-fried Journey through China* (Orlando, FL, 2008), p. 33.

(2) William Hedgepeth, *The Hog Book* [1978] (Athens, GA, 1998), p. 44.

第6章　大量生産の時代

(1) Isabella Beeton, *Mrs Beeton's Book of Household Management* (New York, 1896), pp. 364-365.

(2) 'Intensive Pig Farming', Wikipedia. See also the websites for Smithfield Foods, the National Pork Board, the Animal Welfare Institute and Niman Ranch.

「食《しよく》」の図書館《としよかん》

豚肉《ぶたにく》の歴史《れきし》

●

2015年6月29日　第1刷

著者……………キャサリン・M・ロジャーズ

訳者……………伊藤《いとう》 綺《あや》

装幀……………佐々木正見

発行者……………成瀬雅人

発行所……………株式会社原書房

〒160-0022 東京都新宿区新宿1-25-13

電話・代表03(3354)0685

振替・00150-6-151594

http://www.harashobo.co.jp

印刷……………新灯印刷株式会社

製本……………東京美術紙工協業組合

ISBN 978-4-562-05168-7, Printed in Japan

キャサリン・M・ロジャーズ（Katharine M. Rogers）
作家，編集者。ニューヨーク市立大学ブルックリン校および大学院センター名誉教授。18〜19世紀の英文学と女性学を研究。退官後は『猫 *Cat*』（2006年）『最初の友：犬と人間の歴史 *First Friend: A History of Dogs and Humans*』（2005年）をはじめ，動物や食物関連の多くの書籍を執筆，編纂する。

伊藤綺（いとう・あや）
翻訳家。訳書に，ジョエル・レヴィ『図説 世界史を変えた50の武器』，ジェレミー・スタンルーム『図説 世界を変えた50の心理学』，クライヴ・ポンティング『世界を変えた火薬の歴史』，チャールズ・ペレグリーノ『タイタニック——百年目の真実』，チャールズ・ストロング『狙撃手列伝』，トマス・クローウェル『図説 蛮族の歴史——世界史を変えた侵略者たち』，（以上，原書房）などがある。

注

第1章　理想の肉

（1）Jane and Michael Stern, *Two for the Road: Our Love Affair with American Food* (Boston, MA, 2006), p. 200.

（2）Jane Grigson, *Charcuterie and French Pork Cookery* (London, 1967), p. 10.

第2章　豚への偏見

（1）Maimonides, *The Guide for the Perplexed*, trans. Michael Friedländer, 2nd edn (London, 1919), part 3, ch. 48, pp. 370-371.

（2）Fuchsia Dunlop, *Shark's Fin and Sichuan Pepper: A Sweet-sour Memoir of Eating in China* (New York, 2008), pp. 249-250.

第3章　ヨーロッパの豚肉

（1）Galen, *On the Properties of Foodstuffs*, trans. Owen Powell (Cambridge, 2003), p. 115.

（2）Pliny the Elder, *Natural History*, Book 8, trans. Harris Rackham (Cambridge, MA, 1961), vol. III, p. 147.（大プリニウス『プリニウスの博物誌第Ⅰ巻』中野定雄ほか訳，雄山閣出版，1986年刊）

（3）Friedrich Engels, *The Condition of the Working Class in England*, trans. and ed. W. O. Henderson and W. H. Chaloner (Stanford, CA, 1968), p. 63.（エンゲルス『イギリスにおける労働者階級の状態』一條和生・杉山忠平訳，岩波書店，1990年）

（4）E. B. White, *The Annotated Charlotte's Web*, notes by Peter F. Neumeyer (New York, 1994), p. 75.

（5）William Cobbett, *Cottage Economy* (New York, 1970), p. 113.

（6）Sidney cited in Alan Davidson, *The Oxford Companion to Food, 2nd edn, ed. Tom Jaine* (Oxford, 2006), p. 605.

（7）Cobbett, *Cottage Economy*, pp. 103-106, 111, 117, 119-120.

（8）*Household Words*, cited in Peter Simmonds, *The Curiosities of Food: or the Dainties and Delicacies of Different Nations* (Berkeley, CA, 2001), p. 3.

（9）Alexis Soyer, *The Gastronomic Regenerator: A Simplified and Entirely New System of*

Cookery, 8th edn（London, 1852）, p. 202.
（10）Alexis Soyer, *The Modern Housewife* or *Ménagère*（London, 1851）, pp. 119, 198, 200.
（11）Isabella Beeton, *Mrs Beeton's Book of Household Management*, enlarged edn（New York, 1986）, pp. 362, 365.
（12）Auguste Escoffier, *The Complete Guide to the Art of Modern Cookery*, trans. H. L. Cracknell and R. J. Kaufman（London, 1979）, pp. 350, 352.（オーギュスト・エスコフィエ『エスコフィエフランス料理』角田明訳，柴田書店，1969年）

第４章　新大陸の豚肉

（1）Cited in Waverley Root, *Food*（New York, 1980）, p. 376.
（2）Lyall Watson, *The Whole Hog*（Washington, DC, 2004）, pp. 126-129.
（3）Laura Ingalls Wilder, *Little House in the Big Woods*（New York, 1932）, pp. 10-18.（ローラ・インガルス・ワイルダー『大きな森の小さな家』恩地三保子訳，福音館書店，1972年）
（4）William Cobbett, *Cottage Economy*（New York, 1970）, pp. 112-113.
（5）Cited in Richard Osborn Cummings, *The American and His Food*（Chicago, 1941）, p. 12.
（6）Cited in Susan Williams, *Food in the United States, 1820s-1890*（Westport, CT, 2006）, p. 137.
（7）Cited in Cummings, *The American and His Food*, p. 86.
（8）Cited in D. C. McKeown, *Hog Wild*（New York, 1992）, p. 97.
（9）Michael Krondl, *Around the American Table*（Holbrook, MA, 1995）, p. 267.
（10）Andrew F. Smith, ed., *The Oxford Encyclopedia of Food and Drink in America*（Oxford, 2004）, vol. II, p. 492.
（11）Frederick Douglass Opie, *Hog and Hominy: Soul Food from Africa to America*（New York, 2008）, p. 32.
（12）Mark Kurlansky, *The Food of a Younger Land: A Portrait of American Food ... from the Lost WPA Files*（New York, 2009）, pp. 147-155.
（13）Opie, *Hog and Hominy*, pp. 42-43.
（14）Cited in John Thorne and Matt Lewis Thorne, *Serious Pig: An American Cook in Search of His Roots*（New York, 1996）, pp. 289-291.
（15）Cited in Richard J. Hooker, *Food and Drink in America*（Indianapolis, IN, 1981）, p. 221.

鮭の歴史 《「食」の図書館》
ニコラース・ミンク／大間知知子訳
人間がいかに鮭を獲り、食べ、保存（塩漬け、燻製、缶詰ほか）してきたかを描く、鮭の食文化史。アイヌを含む日本の事例も詳しく記述。意外に短い生鮭の歴史、遺伝子組み換え鮭など最新の動向もつたえる。２０００円

レモンの歴史 《「食」の図書館》
トビー・ゾンネマン／高尾菜つこ訳
しぼって、切って、漬けておいしく、油としても使えるレモンの歴史。信仰や儀式との関係、メディチ家の重要な役割、重病の特効薬など、アラブ人が世界に伝えた果物には驚きのエピソードがいっぱい！　２０００円

牛肉の歴史 《「食」の図書館》
ローナ・ピアッティ＝ファーネル／富永佐知子訳
人間が大昔から利用し、食べ、尊敬してきた牛。世界の牛肉利用の歴史、調理法、牛肉と文化の関係等、多角的に描く。成育における問題等にもふれ、「生き物を食べること」の意味を考える。２０００円

ハーブの歴史 《「食」の図書館》
ゲイリー・アレン／竹田円訳
ハーブとは一体なんだろう？　スパイスとの関係は？　それとも毒？　答えの数だけある人間とハーブの物語の数々を紹介。人間の食と医、民族の移動、戦争…ハーブには驚きのエピソードがいっぱい。２０００円

コメの歴史 《「食」の図書館》
レニー・マートン／龍和子訳
アジアと西アフリカで生まれたコメは、いかに世界中へ広がっていったのか。伝播と食べ方の歴史、日本の寿司や酒をはじめとする各地の料理、コメと芸術、コメと祭礼など、コメのすべてをグローバルに描く。２０００円

（価格は税別）

ウイスキーの歴史

《「食」の図書館》

ケビン・R・コザー／神長倉伸義訳

ウイスキーは酒であると同時に、政治であり、経済であり、文化である。起源や造り方をはじめ、厳しい取り締まりや戦争などの危機を何度もはねとばし、誇り高い文化にまでなった奇跡の飲み物の歴史を描く。2000円

マリー＝アンヌ・カンタン フランスチーズガイドブック

マリー＝アンヌ・カンタン／太田佐絵子訳

著名なチーズ専門店の店主が、写真とともにタイプ別に解説、具体的なコメントを付す。フランスのほぼ全てのチーズとヨーロッパの代表的なチーズを網羅し、チーズを味わうための実践的なアドバイスも記載。2800円

図説 朝食の歴史

アンドリュー・ドルビー／大山晶訳

世界中の朝食に関して書かれたものを収集し、朝食の歴史と人間が織りなす物語を読み解く。面白く、ためになり、おなかがすくこと請け合い。朝食は一日の中で最上の食事だということを納得させてくれる。2800円

美食の歴史2000年

パトリス・ジェリネ／北村陽子訳

人類は、古代から未知なる食物を求めて世界中を旅してきた。さまざまな食材の古代から現代までの変遷と、食に命を捧げ、芸術へと磨き上げた人々の人生がおりなす歴史をあざやかに描く。2800円

図説 世界史を変えた50の食物

ビル・プライス／井上廣美訳

大昔の狩猟採集時代にはじまって、未来の遺伝子組み換え食品にまでおよぶ、食物を紹介する魅力的で美しい案内書。砂糖が大西洋の奴隷貿易をどのように助長したのかなど、新たな発見がある一冊。2800円

（価格は税別）

ケーキの歴史物語《お菓子の図書館》

ニコラ・ハンブル／堤理華訳

ケーキって一体なに？　いつ頃どこで生まれた？　フランスは豪華でイギリスは地味なのはなぜ？　始まり、作り方と食べ方の変遷、文化や社会との意外な関係など、実は奥深いケーキの歴史を楽しく説き明かす。２０００円

アイスクリームの歴史物語《お菓子の図書館》

ローラ・ワイス／竹田円訳

アイスクリームの歴史は、多くの努力といくつかの素敵な偶然で出来ている。「超ぜいたく品」から大量消費社会に至るまで、コーンの誕生と影響力など、誰も知らないトリビアが盛りだくさんの楽しい本。２０００円

チョコレートの歴史物語《お菓子の図書館》

サラ・モス、アレクサンダー・バデノック／堤理華訳

マヤ、アステカなどのメソアメリカで「神への捧げ物」だったカカオが、世界中を魅了するチョコレートになるまでの激動の歴史。原産地搾取という「負」の歴史、企業のイメージ戦略などについても言及。２０００円

パイの歴史物語《お菓子の図書館》

ジャネット・クラークソン／竹田円訳

サクサクのパイは、昔は中身を保存・運搬するただの入れ物だった!?　中身を真空パックする実用料理だったパイが、芸術的なまでに進化する驚きの歴史。パイにこめられた庶民の知恵と工夫をお読みあれ。２０００円

パンケーキの歴史物語《お菓子の図書館》

ケン・アルバーラ／関根光宏訳

甘くてしょっぱくて、素朴でゴージャス――変幻自在なパンケーキの意外に奥深い歴史。あっと驚く作り方・食べ方から、社会や文化、芸術との関係まで、パンケーキの楽しいエピソードが満載。レシピ付。２０００円

（価格は税別）